U0279346

情感智能理论与方法丛书

总主编　李太豪

情感计算：
发展与趋势

主　编　李太豪　裴冠雄

副主编　李海英　程翠萍　汪严磊

上海科学技术出版社

图书在版编目（ＣＩＰ）数据

情感计算：发展与趋势 / 李太豪，裴冠雄主编；
李海英，程翠萍，汪严磊副主编. -- 上海：上海科学技
术出版社，2024.1
（情感智能理论与方法丛书）
ISBN 978-7-5478-6053-3

Ⅰ．①情… Ⅱ．①李… ②裴… ③李… ④程… ⑤汪
… Ⅲ．①智能计算机 Ⅳ．①TP387

中国国家版本馆CIP数据核字(2023)第167330号

基 金 支 持

本书出版得到了科技部科技创新2030-"新一代人工智能"重大项目
（2021ZD0114303）、国家自然科学基金专项项目（T2241018）资助。

情感计算：发展与趋势

主　编　李太豪　裴冠雄

副主编　李海英　程翠萍　汪严磊

上海世纪出版（集团）有限公司
上 海 科 学 技 术 出 版 社 出版、发行
（上海市闵行区号景路 159 弄 A 座 9F-10F）
邮政编码 201101　　www. sstp. cn
上海光扬印务有限公司印刷
开本 787×1092　1/16　印张 14
字数 165 千字
2024 年 1 月第 1 版　2024 年 1 月第 1 次印刷
ISBN 978-7-5478-6053-3/TP · 79
定价：98.00 元

本书编写组

李太豪 信息科学与系统工程博士，之江实验室高级研究专家、研究员，中国科学院大学杭州高等研究院教授，浙江大学计算机学院博士生导师，浙江省海外高层次人才特聘专家。曾任哈佛大学研究员，波士顿 Flatley 创新实验室首席科学家。

裴冠雄 管理科学与工程博士，之江实验室副研究员，中国技术经济学会神经经济管理专委会委员，工信部电子信息领域入库专家。

李海英 计算机科学与技术硕士，中国科学院文献情报中心馆员。

程翠萍 计算机技术硕士，之江实验室研究专员。

汪严磊 犯罪学与刑事司法 (犯罪心理学方向) 硕士，德勤·科学加速中心创新科学家、科技战略与技术变革专家。兼任中国技术经济学会神经经济管理专委会副秘书长、上海师范大学 MBA 产业实践导师。

总序

　　情感的识别和理解是类人智能机器的核心功能之一，是人工智能的一个重要方向。情感计算的概念最早由美国麻省理工学院教授罗莎琳德·皮卡德（Rosalind Picard）提出，情感计算旨在创建一种能感知、识别和理解人的情感，能针对个体的情感作出智慧、灵敏、友好反应的计算系统，并实现在多领域的应用。

　　随着人工智能技术的发展，情感计算受到了学术界和产业界的广泛关注，并被认为具有重要的意义和影响。人工智能奠基者之一马文·明斯基（Marvin Minsky）指出，不在于智能机器能否具有情感，而在于没有情感的机器能否实现智能。情感计算是实现自然化、拟人化、人格化人机交互的基础性技术和重要前提，也为人工智能决策提供了优化路径，对开启智能化、数字化时代具有重大价值。因此，在人机共生社会，不仅需要机器具备类人的"智商"（逻辑智能），而且需要赋予其类人的"情商"（情感智能），从而实现智慧、自然和有温度的人机交互。

　　目前，针对人工智能领域的教材和科普读物，更多聚焦于逻辑智能方面，对情感智能的涉及有限，且缺乏针对性的关于学术前沿、学科建设、技术动态及行业发展的系统总结和科学传播，造成了情感智能领域高质量教材和科普读物供给不足，并且导致缺乏科学内涵和依据，甚至存在伪科学、陈旧知识流传等问题，不利于全社会科学素养的提升和人工智能科学理念的培育。因此，情感智能领域需要全社会广泛关注与共同努力。

基于此，我们推出了情感智能理论与方法丛书，首批包含《情感计算：发展与趋势》《情感计算：概念与原理》《情感计算：应用与案例》三册。本丛书的出版将有助于明晰学术研究热点和发展趋势，以及与情感计算相关的关键共性技术、前沿引领技术及颠覆性技术；为广大学者和科学基金立项的指南编写、主题选取、团队组建等提供参考；为相关领域重大科研项目布局提供建议。本丛书的出版还将有助于包括本科生、研究生等在内的公众在理解逻辑智能的基础上，认识情感智能的重要性；服务和谐人机共生社会的建设，形成更加全面的人工智能认知体系；为培养情感计算领域科研后备力量筑牢基础。同时，本丛书还有助于促进相关从业人员对技术全景的理解和认知，助力全行业更好地运用情感计算技术进行赋能和实践，加速数字经济转型升级和人工智能技术迭代应用，促进更多企业从产业链下游向产业链中上游的价值重塑。

不止于此，我们还将围绕情感智能前沿技术，特别聚焦于情感智能"多维度分类、多模态融合、多模型推理、多轮交互计算"的新趋势，出版第二批专业性和科普性兼备的读物，欢迎有志于此的学者和同行与我们联系，共同推动出版工作，使之更加丰富化和专业化。

本丛书的出版离不开各界的支持，我们向之江实验室、上海科学技术出版社、德勤中国（Deloitte China）、国家自然科学基金委员会交叉科学部、中国科学院文献情报中心、英国工程技术学会（The Institution of Engineering and Technology, IET）等表达诚挚的感谢，同时感谢参与编写的各位专家和同事的辛勤付出。

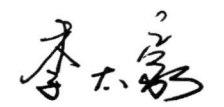

之江实验室高级研究专家、研究员
浙江省海外高层次人才计划专家

本书序

　　情感被称为人类社会生活的文法（Grammar of Social Living），而情感计算（Affective Computing）旨在创建一种能感知、识别和理解人的情感，并能针对人的情感作出智慧、灵敏、自然反应的计算系统。情感计算是实现自然化、拟人化、人格化人机交互的基础性技术和重要前提，也为人工智能决策提供了优化路径，对开启智能化、数字化时代具有重大价值。近年来，中国成为情感计算领域重要的推动力量，有越来越多的学者投入相关研究。同时，中国也成为情感计算赋能应用的主战场之一，不少应用推动着经济高质量发展和数字化改革。

　　本书的出版，回应中国乃至全球学术界和产业界对了解和掌握情感计算最新发展动向的需求，给科研人员和从业者提供较为完整的技术发展蓝图和应用趋势洞察，以助推情感计算的发展与转化。

　　本书有以下 3 个特点，为情感计算未来趋势预测筑牢了基础。

　　一是以主流学术数据库为基础，之江实验室、中国科学院文献情报中心等单位对 1997—2022 年的 2 万余篇文献论文进行数据分析，具有领域全周期、论文全量级、科研全过程的覆盖优势，梳理出的重要研究论文、专利和标准，有助于明晰关键共性技术和前沿引领技术，对把握情感计算领域学术发展动态具有指导性意义，对实现"高原造峰"和从"0"到"1"等创新具有很大的参考价值。

　　二是本书描绘了情感计算的学科全景，包括重要研究机构、学术期刊、国际会议、代表性科学家、高水平学会等，并对合作生态进行了梳理，这对指导学科建设和重大科研基金立项具有参考作用。虽然中国学者在学科领域内进步明显，初步形成了高水平的学科人才梯队，且在典型学者和重要研究阵地中占比较高，但是在学术期刊、国际会议等领域中国主导能力偏弱，不利于学科话语权的提升，也与中国在该领域发文量排名世界第一的地位不匹配，并在一定程度上阻碍了中国科学家作为学术共同体的发展，不利于从跟随性走向引领性的发展进阶。

三是本书重视对情感计算成果转化及应用的研究。党的二十大报告提出，"加快实施创新驱动发展战略。坚持面向世界科技前沿、面向经济主战场、面向国家重大需求、面向人民生命健康，加快实现高水平科技自立自强"。针对应用情况的定量分析和案例研究，有助于引导广大科技工作者面向经济主战场和重大实际需求开展科研攻关，有助于促进从业者理解和认识技术全景，有助于促进经济主体对情感计算探索技术迭代应用，有助于情感计算产业链自下而上加速转型升级与价值重塑。

未来将会怎样，不可准确预知，但对过去和现状的精准把握，为情感计算的发展脉络提供了踪迹。本书专门设立章节对技术走向和行业应用进行了展望。当今世界正在经历百年未有之大变局，这场变局不限于一时一事、一国一域，而是深刻而宏阔的时代之变。我坚信，中国在情感计算领域的影响力将继续迅速提升，我们乐见这种不可阻挡的力量为情感计算学术发展和应用赋能提供源源不断的动力。

电子科技大学讲席教授
日本德岛大学荣誉教授
日本工程院院士
欧盟科学院院士
于电子科技大学

前言

　　情感计算是一个涉及计算机科学（含智能科学）、脑与心理科学（心理学、神经科学）、社会科学（社会学、经济学、管理学）、医学等的交叉学科领域，并正逐步成为全球学术和工程的热点。中国科学院科技战略咨询研究院发布的《2021 年研究前沿热度指数》报告显示，以多模态情感计算为核心的相关研究热度指数位列前 10 名。根据英国工程技术学会（IET）提供的文献进行计量分析显示，情感计算领域的发文量呈现高速增长态势。其中，中国和美国的学者已经成为该领域最具代表性的研究力量。《自然》（*Nature*）旗下刊物发表的综述论文表明，2016—2020 年来自中国的研究力量迅速崛起，论文总数已超过美国，越来越多的科研机构和高科技企业正投身于情感计算的研究和实践。

　　为了满足中国乃至全球学术界和产业界对了解和掌握情感计算最新发展动向的需求，向科研人员和从业者提供较为完整的技术发展蓝图和应用趋势以助推情感计算的发展与转化，我们策划推出了情感智能理论与方法丛书。《情感计算：发展和趋势》作为其中之一，包含了 6 个章节。这些内容全面梳理、分析、总结了与情感计算相关的理论、技术及应用现状，并对未来发展趋势进行了展望。

　　在人机共生的时代背景下，人类对情感内涵理解将不断深化，智能机器"双商（智商＋情商）"理念进一步普及，情感智能的迭代升级以及在数字经济驱动下的产业变革等多要素的共同作用，将成为推动情感计算的技术发展、场景演化和应用繁荣的重要驱动力。本书在学术界和产业界专家的共同努力下，全面调研了情感计算及其关联学科的最新进展，具有"集大成"和"思全局"的特点，希望能够为该领域的研究者和实践者提供有关情感计算发展的全面认知，以更广阔、更长远的视角思考情感计算的未来走向。

本书编写组

目录

第一章　绪论

　　情感计算是当今人工智能技术发展和应用领域的一个热门话题。1997年，美国麻省理工学院媒体实验室教授罗莎琳德·皮卡德（Rosalind Picard）在其著作《情感计算》（*Affective Computing*）中正式系统性地提出这一概念。时至今日，相关领域的科研成果呈现加速增长的态势，越来越多的科研机构和团队正投入到情感计算的研究中。

　　情感计算是一个多学科交叉的研究领域，涉及计算机科学、脑与心理科学、社会科学等学科。计算机科学侧重于提供各类信息技术手段和工程化能力，能够对情感的感知、识别、理解、反馈等实施数字化重构和计算实现，从而使机器能够拥有类人情感心智功能。脑与心理科学的心理及意识领域侧重于提供关于人类情感的基础定义、相关要素结构存在的意义等方面的理论，这为情感理论建模构筑了基石；脑与心理科学的另一分支——认知神经科学则侧重于研究人类大脑对情感加工的机理，以及建立与情感相关的心理要素功能网络，这为开发情感计算模型提供了关键的启发和策略的指导。社会科学和医学为情感计算的应用提供了充分的"用武之地"，是该类技术应用场景设计的策源地。

由此可见，情感计算是一个多学科共建的领域，也是一个由行业实际需求推动技术进步和迭代的领域。

1.1　人类社会的情感及探索历程

"情感"是人类社会生生不息的重要源泉，是人与人、族与族乃至国与国进行信息交流和思想沟通的桥梁。有关"情感"心智的研究和思考，在人类不同的历史阶段均有基于哲学、文学、科学等视角下的论述和体现。

"情感"一词常常出现在人类现阶段的语言交流环境中，但其意义和内涵并不单一。对汉语中的"情感"一词，我国著名心理学家、北京师范大学教授彭聃龄认为，情感是"具有稳定、深刻的社会意义感情"。例如，孩子们怀有强烈的荣校主义情感，这里的以校为荣就是一种带有"社会意义的感情"。又如，我们在企业管理中会经常提到高情商的领导力。高情商的具体表现为：领导者能够有效识别和影响他人情感，以促进商业目标达成的能力。此处的"社会意义感情"具体指代心态、动机、情怀等商业情感要素。

毫无疑问，情感是社会关系中十分重要且核心的要素。放眼整个人类文明的演化历程，情感心智一直都是人傲立于物种竞争并成为这个星球高等智能生物的关键所在。

结合不同时期人们对情感性质和作用的认识，可以将情感对人类的意义归纳为以下 5 个方面。

一是生存功能。人类为了适应环境做出有利于生存和发展的生理反应，如在危险环境中的紧张和应激、在受到侵扰和威胁时的愤怒和亢奋、在获得食物和生存必需品时的喜悦和兴奋。情感不断地强化人类适应和利用环境的能力，并形成习得性的生理反应，对个体的注意、记忆、感知等进行调节，从而在进化中持续保障人类生存权和发展权。

二是沟通功能。诺贝尔经济学奖获得者、美国心理学家赫伯特·西蒙（Herbert Simon）认为，情感的识别和表达对信息的交流和理解是必需的。情感对人类意图的准确表达和理解至关重要，同样的文字语言用不同的情感来表达，其内涵是完全不同的。因此，情感与语言密不可分。情感起到了关键的语义消歧作用，无论对信息的发出方还是信息的接收方都至关重要。这也是很多重要事项需要面对面交流的一个重要原因。在面对面场景下，相较于语音或文字沟通，表情、肢体动作等具有情感内涵的表达方式，有助于减少误解，增进交流和互信。

三是决策功能。诺贝尔经济学奖获得者、美国心理学家丹尼尔·卡尼曼（Daniel Kahneman）认为，大脑通过快（"系统一"）与慢（"系统二"）两种方式作出决策。常用的无意识的"系统一"主要依赖于情感、经验等迅速作出判断；有意识的"系统二"主要依赖于理性思辨。因此，情感广泛参与了人类的高级思维和决策过程，并深刻影响了决策结果和决策效率。

四是动机功能。情感能够激发和维持个体的行为，对个体的资源投入程度、行为持久程度以及对行为结果的评估都会产生显著的影响。

五是维系功能。情感是在人类社会化过程中阶层、族群、家庭等的维系纽带，是低成本维系人类社会关系的核心，是潜在的社会交往契约，并与个体的行为准则、道德约束等息息相关。

因此，情感的性质和功能既决定了情感与人类的生存和发展密不可分，也对人类社会的进步有着重要意义。

情感之于人类，是一个丰富的理论和文化宝库。相关论述、研究至少可以追溯到距今约 3 000 年前的早期人类文明。从技术发展的视角来看，这 3 000 年的历史大致可分为三个核心阶段（见表 1-1）：第一阶段，即发生在欧洲文艺复兴及之前的探索思辨阶段（17 世纪及以前）；第二阶段，即发生在法国启蒙运动到科学心理学诞生的科学启蒙阶段（17 世纪至 19 世纪末）；第三阶段，即发生在科学心理学诞生之后至当下的融合应用阶段（19 世纪末至今）。

三个阶段都有对情感研究的重要价值和意义。第一阶段的重要意义是识别和厘清情感及其关联概念。第二阶段的重要意义是以现代科学的视角对概念的实际存在进行验证，并明确概念间的关系。第三阶段的重要意义是多学科交叉融合应用，以实现其在产业和社会经济中的发展促进作用。由于历史的阶段性发展存在边界的模糊性，并且全球文明的发展也不是完全同步的，三个阶段的划分并没有明确的边界时点。尽管如此，依然要对阶段进行划分是为了更好地厘清和说明人类对于情感的认知变化，进一步阐明有关情感的观点与逻辑。

表 1-1　人类对情感的探索历程

核心阶段	时间	核心目标	主要思想来源
探索思辨阶段	17 世纪及以前	识别和厘清情感及其有关概念	早期东西方文明体系、近代西方文明体系
科学启蒙阶段	17 世纪至 19 世纪末	以科学的视角对概念的实际存在进行验证，明确概念之间的关系	生理医学、心理学
融合应用阶段	19 世纪末至今	多学科交叉融合应用，以实现其在产业和社会经济中的发展促进作用	心理学、生理学、信息科学、计算机科学

1.1.1 探索思辨阶段

探索思辨阶段是人类通过对自然事物发展规律进行反复观察、提出观点、开展辩论，并形成广泛共识的知识积累阶段。这一阶段的起始标志被定义为人类最早开始用文字记录情感及其相关知识的事件。遗憾的是，对具体年代的考证困难重重。主要原因有二：第一，盘点人类古代文明，关于情感的知识记录虽然在不少文献中都有零散的记载，但是鉴于针对情感历史的研究从未有跨文明和不同地区间的一致共识，因此很难断定是哪个国家或文明最先开始人类情感研究的；第二，对历史年份的断定往往是依赖考古所发现的文献测定时间来确定的，与确认人类最早的文字产生年份一样，随着考古工作的不断推进，有关情感研究的最早历史年份也会不断被修正。幸运的是，目前已经有不少古代文献记录了当时人类关于情感的认知，而这些记录已经足够我们充分理解古人对情感心智的认知演变。

在众多古代文明中，以古代中国和古代印度为代表的早期东方文明体系、以古希腊及古罗马为代表的早期西方文明体系和以欧洲文艺复兴及启蒙运动为代表的近代西方文明体系被认为是探索思辨阶段构成人类"情感"认知的主要思想来源。

（1）早期东方文明体系下的情感

在早期东方文明中，哲学是对一切自然和社会现象记录及研究的重要学科。古代中国和古代印度是早期东方文明体系中哲学发展的两大重要载体。其中，关于人类情感研究最具代表性的思想派别有《易经》哲学、诸子百家哲学和印度哲学。

① 古代中国哲学中的情感

我国两位著名的心理学家南京师范大学教授高觉敷与上海师范大学教授燕国材认为，早在先秦两汉时期中国古人就已经对情感有了初具系统的认知。其中，《周易》就有已知最早关于情感问题的归纳。燕国材认为，《周易》中很多关于人与自然之间细节的描述，直接反映了人类关于情感认知的早期属性，即一种对自然事物及其规律表现敬畏之心并进行行为应答的方式。基于此，燕国材归纳和提出了 3 种人类情感态度的类型：强惧型、不理型和镇静型。这表明古人对情感心智已经有了最基础程度的认知和分类思想。

诸子百家哲学中关于情感的论述，当属儒家和道家两派为多。在儒家学派中，有关情感的理解一直被后人认为是"为人处世"和"修身养性"的关键而多次提及。

春秋末期的史学家、文学家和思想家左丘明提出了人类所拥有的两种常见的价值态度和四种情绪类型。两种常见的价值态度，即喜欢和厌恶；四种情绪类型，即高兴、愤怒、悲哀和快乐。在四种情绪类型中，高兴被认为是因为对某些事物的喜欢之情而导致的，而愤怒是因为厌恶某些事物而导致的。这也进一步说明，古人早就已经对态度和情绪两大心智要素之间的映射关系有了初始的思考。

《礼记》是一部记录中国古代典章制度的选集，成于汉代，作者为西汉时期著名的礼学家和儒学家戴圣。戴圣在《礼记·礼运》中提出了"七情"的概念，以及"何谓人情？喜、怒、哀、惧、爱、恶、欲，七者弗学而能"的系统性阐述。这被认为是早期东方哲学体系下对情感理解的一个里程碑。后世学者大多基于"七情"的分类标准进行了更深层次的情感认知和理解。与此同时，情感的类型论思想和"与生俱来"的产生机理也随之被逐渐明确和固定下来。

到了宋代，思想家、教育家和儒学家朱熹对过往所有的情感理论进行了梳理，提出了一套更为系统的"情感学说"。朱熹认为，"情"不仅指单纯的情感要素或情绪类型，还包含了情感及其心智过程的所有内容。人的"情"有七种类型，这"七情"往往会在人们回忆愉快经历、需求无法实现、问题无法被解答或心中感到挫败的情景下相应地产生。朱熹的"情感学说"确立了"情"的明确定义，在此基础上又再次认可和夯实了"七情"的分类标准，并最终阐明了"情"的心智表达和反馈机理。朱熹的"情感学说"对后来的各种研究具有重要意义，是程朱理学的重要组成部分。

道家学派是与儒家学派几乎同时期发展的另一个对全球历史演进产生重大影响的哲学思想派别。春秋末期的思想家和哲学家、道家学派创始人老子在《道德经》中提到"道法自然"，即客观自然规律是万物发展唯一真理的论断。这一论断后来成为道家学派发展的核心，并影响了包括情感问题在内的探索、思考和认知。儒家学派和道家学派关于人类情感的理解和论述在古代中国文化和知识体系中占据半壁江山。在其他学派思想中，关于情感的各种理论也几乎都以儒家学派和道家学派为范本进行调整或改良，很少再有完全独立成说的基础理论和观点。但是，也有一些重视理论应用的古人已经开始在实践中通过思想的融合进行标新立异，提出大量应用性的新思想。

古代中国哲学体系下的情感研究、论述繁星点点般一直延续到了20世纪初叶，为后世更好地开展科学情感研究铺平了道路。

② 古代印度哲学中的情感

另一个东方文明古国——古代印度，也在很早时期就开始关于情感的探索和理解。古代印度对情感最早的记载可追溯至吠陀时期（约公元前1 500 年—公元前 500 年），这一时期的许多哲学思想文献，如《四吠陀》和《奥义书》，成为后来当地广泛思想派别的核心源头。

《四吠陀》之一的《梨俱吠陀》提到了"种识理论"，认为精神进入肉体之后才产生了意识。第一意识"种识"首先由精神产生，通过五官与外部世界联系产生"子识"，因此五官可以说是意识的形体。这一观点后来被延伸至数论派的二十五谛和大乘佛法的八识系统，为印度后世哲学家对情感的内涵以及情感的来源问题研究奠定了基石。

后来，以吠陀思想为核心的婆罗门教哲学到了古代印度笈多王朝时期（约 320—540 年）逐渐形成了六派哲学。其中，数论派进一步细分了意识和感知。数论派的理论主张宇宙万物由"自性"和"神我"结合产生。古代印度先哲认为，人的意识和情感是可以作用到物质世界并且相互联通的。

从整体来说，古代印度哲学对"情"的内涵并没有过多的理论和学说，且种类划分也比较单一。但是，古代印度的先哲更加关注"情"在精神世界与物质世界的反馈和联动，并倾向于将二者作为一个整体来进行思辨和分析。

（2）早期西方文明体系下的情感

正当东方文明拉开其约 5 000 年悠长历史序幕的时候，在世界另一端的古希腊和古罗马，多位耳熟能详的医学家、哲学家和思想家开启了探索科学的道路。其中，古代西方的生理医学派别和西方哲学派别在情感研究方面成为主导角色。

古希腊的生理医学是一门与哲学分门别类的独立学科，但两门学科之间的知识在很大程度上是共通和互相影响的。古希腊医生希波克拉底（Hippocrates）提出了人类的"体液说"。他认为，体液是人体属性的构成基础，以不同类型体液为主导的人将更容易表现出特定的情感。后来，希波克拉底思想的继承者和发扬者、古罗马著名医生克劳迪亚斯·盖伦（Claudius Galenus）在"体液说"的基础上，进一步提出了人们所熟知的"人体气质学说"。他认为，人的气质是由不同物质的性质混合而形成的，因此人能够表现出各自的差异性。人类体质分为"四种"，其差异性会在情感和相应行为方面加以体现。例如：外向、活泼且善于交际的多血质；情绪稳定、持久且自我坚定的黏液质；内向、犹豫且言行舒缓的抑郁质；情绪冲动、积极且反应敏捷的胆汁质。这些理论和观点为我们理解情感的本质及其作用提供了颇有价值的参考。

一般认为，古代西方的哲学思想主要有三大理论流派，分别是理念论、原子论和生机论。这三大理论流派的哲学家从各自的核心思想出发，对人类的情感问题作出了解释和表述。

理念论的哲学思想与古代中国的道家学说略有相似。两者都是对自然规律进行观察并高度凝练出抽象化的概念（即理念），再用这种理念去解释其他现象。对于情感，该学派的观点大多建立在人类自我感受的基础上。这里的感受即为情感研究中的核心理念。理念论的代表人物、古希腊数学家和哲学家毕达哥拉斯（Pythagoras）根据人们对情绪的感受而提出情感的"大本营"在心脏。而后，古希腊思想家和哲学家柏拉图（Plato）又提出，人类的情绪因顺势和逆势会产生愉快和不愉快两种相对的状态，这也是有关情绪两极性观点的较早论述。

原子论，顾名思义就是认为原子是世界万物的最基本组成的学说。在这一思想的促动下，古希腊著名的思想家和哲学家、原子论思想的创建者德谟克利特（Demokritos）提出"流射说"，认为万物会通过原子自身的一种流射属性将其影像传入人的双眼。人眼受到这种原子的力量作用被激活，从而形成了我们意识中的各种感知和情感。这一论述暗含着后来被我们称为"刺激–反应"（S–R）的过程。古希腊还有一位原子论思想的代表伊壁鸠鲁（Epicurus），他提到原子是组成人体的基本单元，当人们快乐的时候就是组成身体的原子排列有序的外在表现，而当人们感觉到痛苦的时候就是因为这些原子的排列被干扰甚至打破。他从原子论的另一个角度解释了人类"积极–消极"两极情绪生成的原因。

生机论的思想基本是由古希腊思想家、哲学家和科学家亚里士多德（Aristotle）构建的。亚里士多德在研究人类灵魂问题时，主张将情感融入感觉、记忆、睡梦等心智活动里进行讨论。这反映了他对于情感是一种心智过程而不是单一独立的心理因素的观点。

（3）近代西方文明体系下的情感

公元 14 世纪开始的欧洲文艺复兴，结束了中世纪长达千年的政治黑暗和文明停滞。在近代的西方哲学体系中，有关情感的内容十分丰富，并得到了前所未有的发展驱动。究其原因：一是已经发展了几千年的西方文明思想几乎都在这一相对短暂的时期得到了汇聚；二是新的学科分支诞生引发了更多视角下的知识研究和更深层次的逻辑思考。两大原因都导致已有知识成为新知识的催生源泉，并且以类似"链式反应"的方式得以繁荣和增长。在这当中，对于人类情感的深度探讨也成为不少人探究的话题。其中，对后来科学心理学诞生具有重要推动意义的"心灵哲学"就显得尤为耀眼。

心灵哲学由欧洲近代哲学的奠基人勒内·笛卡尔（René Descartes）创

立。笛卡尔对人类的心灵（或灵魂）的本质进行了多年的研究和思考，关于情感的认知和理解在他的心灵哲学体系里占据十分重要的位置。其著作《论心灵的感情》（又译《论灵魂的激情》）（*Passions of the Soul*）中就提出和总结了人类的 6 种基本情绪类型：惊奇、爱悦、憎恶、欲望、欢乐和悲哀，奠定了之后关于情感研究的基本框架。此外，笛卡尔基于早年提出的"二元论"观点，发展出了"身心关系"的论说，"二元论"也被称为"身心二元论"。笛卡尔认为，人类所在的世界可以分为物质世界和精神世界。物质世界即我们的身躯所在的空间，精神世界则是我们的意识或精神，即心存在的空间。要区分人和机器差异的关键就是判断主体有无"心的空间"存在。这也为后来人工智能之父明斯基提出的"情感机器"设想埋下了种子。可以说，笛卡尔对情感的理解和认知是承接探索思辨阶段和科学启蒙阶段的重要桥梁。

1.1.2 科学启蒙阶段

科学启蒙阶段是情感研究从哲学范畴向现代科学迁移和扩展的关键时期。该阶段的两大情感研究阵营分别是现代生理医学和科学心理学。其中，由现代生理医学孵化出的神经科学将情感研究引向了一个全新的方向。

（1）现代生理医学体系下的情感

现代科学体系之下的情感研究仅有 200 多年。其中，生理医学派在探索思辨阶段的晚期已经形成。

英国生物学家查尔斯·达尔文（Charles Darwin）是现代生理医学领域的代表人物。达尔文的一生成果丰硕，他的《人类和动物的表情》（*The Expression of Emotion in Man and Animals*）被公认为是与他的《物种起源》

（*On the Origin of Species*）重要性相当的有关情感的研究著作。该书的出版标志着现代科学下的情绪和表情研究正式被拉开序幕。书中，达尔文基于早年提出的进化论，以比较行为学的视角研究了人和其他动物的表情。他发现人和灵长类之间的表情行为有高度的一致性，并针对一般表情提出了人类基本表情类型论。这些基本表情类型包含了痛苦、哭泣、快乐、憎恨、愤怒等。在此基础上，他还进一步论述了基本表情背后所对应的代表情绪、心理过程、生理机制等。因此，该书被认为是现代科学对情绪及其关联行为研究的开端，也为当今情感计算的实现模式提供了借鉴和启发。

（2）科学心理学体系下的情感

因受方法和技术的约束，达尔文的研究仅侧重于人类的基本情绪行为——表情，对于发生在行为背后意识过程中的情感心智过程并没有进行更加深入和系统的探讨。正式用系统科学方法弥补这一缺失的是同时期的德国生理学家威廉·冯特（Wilhelm Wundt）及其衣钵的继承者，这些学者被认为是科学心理学创立的先驱。

冯特是当时德国莱比锡大学的教授，以建立了世界第一个科学心理学实验室而闻名。从此，科学心理学正式宣告诞生。在此契机下，人类意识和精神层面的情感过程研究开始有了飞跃式的发展。由于冯特的心理学研究建立在各类系统性的实验基础之上，也被称为实验心理学。自此，心理学从哲学体系中脱离出来成为一门独立的科学分支。冯特的后继者通过延续实验研究方法而陆续建立了更多的心理学流派。其中，机能主义心理学和行为主义心理学的情感研究对后来情感计算的实现起到了十分重要的作用。

要理解机能主义心理学的精髓，就需要先了解结构（或构造）主义心理学的内涵，因为两者是相辅相成的。结构主义心理学的思想在实验心理学发起之后率先被构建出来，它通过实验研究的方法，侧重于将心理过程解析为一个个相对独立的心理元素或模块进行单独研究。机能主义心理学则在结构主义的基础上进一步侧重研究心理元素或模块之间的相互作用和整体运作机理。从结构主义心理学到机能主义心理学的变迁，也可抽象地理解为从点到线的转变过程。

机能主义心理学的创始人、美国心理学家威廉·詹姆士（William James）和丹麦心理学家卡尔·兰格（Carl Lange）于 1884 年和 1885 年分别提出了詹姆士–兰格情绪学说。该理论认为，情绪是由植物神经（即非交感神经）受外部刺激后，在进行反馈的过程中所导致的。另一位机能主义心理学家威廉·麦独孤（William McDougall）则认为情绪是本能的组成部分，例如，当个体对外部的伤害产生防御本能时，情绪就会转变为恐惧。

随后，机能主义心理学在芝加哥学派和哥伦比亚学派的影响下，又进一步分化出著名的芝加哥学派心理学和哥伦比亚学派心理学。两个学派在心理学研究方面都提倡以实验和应用为导向，这种实用主义取向对后来的行为主义心理学产生了深远影响。美国心理学家、行为主义心理学创立者约翰·沃森（John Watson）早年就读于芝加哥大学，是芝加哥大学有史以来第一位心理学博士。沃森继承了机能主义心理学的基本思想，并遵循芝加哥学派和哥伦比亚学派的研究导向开展行为主义心理学的研究。关于情感等心智过程，他提出了"刺激–反应"机制，认为人的情感生成是对外界刺激的应答和反馈。在著名的小阿尔伯特实验中，沃森认为人类的情绪（或反应）是可以在一定的操作方法下通过施加外部刺激来形成新的且固定的联结关系。这一结论首次将情绪这种主观体验的心智过程程序化，为今后情感计算的实现提出了理论依据。这种固定的"刺激–反应"联结就是人们常提到的条件反射，这一概念及其形成一直是行为主义心理学家的研究和应用重点。美国新行为主义心理学家、沃森主义的后继者伯勒斯·斯金纳（Burrhus Skinner）在用一套十分复杂的机械电子实验箱进行鸽子的进食行为研究和训练，根据发现进一步提出了"操作性条件反射"理论。该理论被认为是沃森"刺激–反应"理论的扩展，并被广泛用于教育、体育、司法、军事等领域。在人工智能方面，这一理论也被迁移应用于机器学习的开发中，作为当前机器深度学习策略中"有监督学习"的理论基础。

认知心理学是在行为主义心理学的基础上独立创建的，也是影响人工智能以及情感计算最深远的一大心理学流派。美国心理学家乌尔里克·奈塞尔（Ulric Neisser）的著作《认知心理学》的出版，代表着该流派的创立。电子计算机的问世进一步推动了相关领域科学家深入到认知心理研究的行列。

通过应用计算机技术来实现的人工智能是认知心理学家共同的愿望和目标之一。人工智能发展的初级阶段是实现计算机或智能机器在感觉、知觉、记忆和基础思维上的类人心智功能。认知心理学家结合大量其他流派的观点，提出了人类认知功能模型和算法策略，并用计算机技术加以实现。作为高等智能生物才拥有的情感心智，一直都是摆在认知心理学家面前的难题。对此，全球学者耗费了大量时间和精力对情感的心智过程进行孜孜不倦的探索。其中，美国心理学家斯坦利·沙赫特（Stanley Schachter）和杰尔姆·辛格（Jerome Singer）基于长期研究共同提出的情绪激活的归因理论，被认为是实现人工智能情感心智的重要理论基础。该理论认为，情绪的生成依赖于两个因素，一个是外部环境刺激对情绪的直接唤起，另一个是经过外部环境刺激后人们的认知对神经系统变化的感知，两者的结合最终形成了我们的情绪。这为我们用计算机实现更高维度的情感心智提供了有效的构建策略。

科学心理学的发展对情感计算的实现起到决定性的作用。未来，关于意识心理机制的研究和探索也将使情感计算上升到更加自主和丰富的完整心智阶段。

1.1.3　融合应用阶段

人类对自然科学的研究常因有在现实生活中的实际应用才具有存在的意义，对情感的心理学及神经科学研究亦是如此。在冯特创立科学心理学后的半个多世纪里，世界各地的心理学流派如雨后春笋般建立，这些流派对情感都有着不同视角的认知和理论。同时，随着现代生理医学的发展，神经科学视角下情感功能的脑机制研究得到长远的发展。这些进步都使得有关情感的研究从基础面向应用面逐渐进行转移，最终用以满足人类社会经济发展过程中的各种场景需求。

1966 年，美国加利福尼亚州大学旧金山分校精神病学系教授保罗·埃克曼（Paul Ekman）开启了长达 40 年的人类表情和情绪研究。通过对新几内亚一些原始部落人群的观察和总结，并结合前人的研究成果，他提出了当今被认为最具标准的人类基本表情理论。他把人类的基本表情分成 7 种，分别是快乐（happiness）、悲伤（sadness）、愤怒（anger）、厌恶（disgust）、惊讶（surprise）、蔑视（contempt）和恐惧（fear）。同时，他参与领导和开发的"人类面部动作编码系统"（Facial Action Coding System，FACS）也被认为是机器视觉用以采集和分析人类表情的关键技术。

1997 年，皮卡德提出了情感计算的明确定义，这正式开启了构建情感机器的人工智能新时代。此后，一大批科研机构开始投身于实现情感计算的研究。在我国，情感计算最早在 2003 年引入。当时，在北京召开的第一届中国情感计算及智能交互学术会议，标志着情感计算作为一门正式研究课题进入中国学术界。2020 年，之江实验室人工智能研究院跨媒体智能研究中心研发的多模态融合情感计算技术在经过一系列的测试后达到了国际先进水平。

如今，在现代医学、心理学、神经科学、计算机科学等领域，有关情感的研究已经有了大量的实证结论和应用案例。这些实证结论组成了当下实现情感计算的框架和模型。

1.2 情感及情感理论建模

"情感"一词，在人类文明中具有非常广泛的意义，根据内容不同可分为狭义的情感和广义的情感。狭义的情感是针对其他情感近义词而言，广义的情感则代表了情感及其近义词在内的所有内涵。当我们讨论情感对人类文明的意义时，就不得不厘清其具体的指代。

古代中国关于"心学"的研究一直属于儒家和其他诸子百家哲学的范畴。在科学心理学引入中国以及新文化运动兴起之前，中国的古汉语中并不存在"情感""情绪""感情""心情"等专用词。在古代中国，人们多用单独一个"情"字来表达主观的情感内涵，用单独一个"感"字来表达客观的情绪感受。科学心理学被引入中国的时期，正值白话文的兴起和普及。于是，在现代汉语体系里便有了"情感""情绪""感情""心情"等词汇。结合现代汉语发源和演变的规律以及当时的历史，可以看出这些词语的产生受到了中外语言和文化的多重影响，厘清不同词语的内涵将有助于我们更好地理解情感计算的技术边界和发展走向。

1.2.1　情绪、感情、心情与广义的情感

有关情感的理论非常丰富，并且随着时间的推移被不断地扩展和丰富。早期的情感理论多是基于生理层面阐述的。通过图 1–1 不难看出，情感是一个非常复杂且涉及面很广的概念。

詹姆斯–兰格理论

情感是植物性神经系统活动的必然产物

坎农–巴德理论

在詹姆斯–兰格理论基础上进一步提出，除了外周神经系统以外，更为关键的是中枢神经系统的丘脑，这是影响情感产生和变化的中心系统

评定–兴奋学说

大脑皮层的兴奋程度也是情感唤醒的重要通路，大脑皮层和皮下组织协同作用产生了情感。该学说将情感的产生过程进行了划分，分别是情境刺激、情感评估和情感产生，并首次将认知理论引入情感研究领域，这为沙赫特–辛格理论的提出进行了铺垫

沙赫特–辛格理论

个体情感除了生理性的唤醒以外，更为关键的是认知唤醒。情感是周边环境刺激与个体生理状况结合后，通过大脑皮层表现出来的结果。情感信息的感官收集和判断处理是一个认知过程，相关模型被称为情感唤醒模型

认知–评价理论

情感是人与环境交互产生的结果，人会不断地对周围环境进行初评、次评和再评，这三次评价反映了情感的认知过程

图 1–1　早期情感理论

中国古代就有对"七情""情理法"等理论的论述，并把与情感和心智有关的概念统称为"情"。随着白话文的普及和西方现代科学体系的引入，人们从"情"的概念中逐渐分离出"情感""情绪""感情"等概念。本书参考中国科学院心理研究所傅小兰关于中英文译法的说明，将"emotion"译为"情绪"，"affect"译为"情感"，"feeling"译为"感情"或"感受"。

"emotion"一词来自拉丁文"e"（意为"向外"）和"movere"（意为"动"）。从构词上来看，情绪含有移动、运动的意思，强调非常短暂但强烈的体验。反观感情和情感，英国心理学家迈克尔·艾森克（Michael Eysenck）和马克·基恩（Mark Keane）认为，情感具有广泛的意义，表示情绪、心境和偏好等不同的内心体验。中国心理学家孟昭兰和黄希庭认为，情感是情绪过程的主观体验，而感情是情绪、情感这一类心理现象的笼统称呼。综合上述观点，本书认为，情绪是情感性反应的过程，感情是情感性反应的内容，而情感涵盖上述词义，是情绪和感情等的笼统称谓。参考情感计算领域的做法以及孟昭兰的定义，即"多成分组成、多维量结构、多水平整合，并为有机体生存适应和人际交往，而同认知交互作用的心理活动过程和心理动机力量"，本书将上述学术词汇统称为"情感"（在后续章节中不再区分上述概念）并进行定义。情感是一种包括认知、生理、体验、行为等多种要素的心理状态，是有机体应对和控制生存环境的进化产物。

1.2.2 情感的理论模型

我国心理学家彭聃龄认为，在科学心理学体系中，人类普遍具有的基本心智能力称为心理过程，包括知、情、意三个部分（见图1-2）。我们每个个体在这些特定的能力领域都有着不同程度的发展，于是就形成了个体心智和行为的差异。这种差异化的心智过程被称为个性心理，包括心理倾向和心理特征。无论从心理过程的视角还是从个性心理的视角，都能够构建出人类的情感模型，而这些模型就是实现情感计算的参照。

图 1-2　心理学研究内容示意图

（1）模型参照的选取

情感计算的实质是运用计算机技术进行情感功能的仿生，从而使计算机也能够拥有近似的情感能力。动物学家通过长期的跨物种研究发现，在全球多样化生态体系中，像人类一样拥有情感心智的物种还有很多。例如，在进化上与人类颇为相近的灵长类就已经被证实不仅拥有类人的情感能力，甚至还有与人类一样用于情感表达的面部表情和肢体动作系统（见图 1-3 ）。

面对包括人类在内的诸多物种，以谁为参照来构建标准情感模型用于实现情感计算就成了首要问题。经过系统和全面的论证，科学家最终还是选择了人类情感模型。主要原因有两点：第一，人类对自身情感的体验是最真实、深刻和透彻的，既包括了那些我们已经归纳和总结的部分，也包括了我们尚未完全理解但又客观存在的部分，这样的完整体验度是在针对

图 1-3　人类与灵长类表情对比
（图片来源：https://pure.port.ac.uk/ws/files/112685/PARRetal2007a.pd）

其他物种的情感心智理解上无法比拟的。第二，人类在对自身情感心智的研究上已经积累了大量的认知和理解，这些积累所涉及的学科和视角相对其他物种也是最多的，这为科学家实现情感计算提供了多学科的支撑和保障。

我们知道，针对人类心智的研究包含了一般心理过程和个性心理过程两个视角。当前阶段情感计算的实现以模拟人类的共性情感心智为首要目标。同时，所谓的个性心理也是在一般心理过程的基础上，通过融合个人的差异化价值认知和意志观念而形成。因此，在实现机器情感的路径中以一般心理过程视角来优先构建情感计算的标准模型也成为最佳策略。

（2）情感模型中的感觉和知觉

感觉（sensation）和知觉（perception）有时也被统称为感知，是我们在日常生活中经常混淆的两个心智概念。实际上，感觉是指人类对身体内外部客观刺激觉察的生理过程，知觉则是人类对上述刺激的一种心智上的主观认知和判断。例如，针头以一定的力度接触到皮肤的那一刻，会让人觉察到一种发生在身上的能量传递过程。接着，这种客观的能量传递在心智上所产生的主观体验被理解为一种叫针扎的疼痛感。在此过程中，前半部分就是感觉的过程，后半部分则是知觉的过程。已知的人类感觉类型包括视觉、听觉、嗅觉、味觉、肤觉（如触觉、温度觉）以及内脏觉等，这些感觉帮助人类全面、完整地感知躯体状态、健康状态等。

在人类的情感心智过程中，感觉和知觉是一切的开始。人类情感的对外表达基本都是通过语言、面部表情和肢体动作来实现的。相应地，对这些信息的感知则是通过视觉和听觉进行采集的。人类对自身情感的识别是通过精神意识和躯体状态的信息加工而获知的，其中对躯体状态的主观感受所依赖的就是内脏觉。例如：当人们处于紧张的状态，就会感觉到自己的心跳加快并可能伴随胃部的不适；当人们处于愤怒的状态，就会感觉到"热血涌上头"。这些生理变化都是在向大脑心智传达有关自身情感状态的信息。

（3）情感模型中的记忆、思维和想象

人类的记忆（memory）主要分为 3 种，分别是瞬时记忆、短时记忆和长时记忆。瞬时记忆又叫感觉记忆，顾名思义，这种记忆的存续时间很短，一般在 1 秒左右。美国认知心理学家乔治·斯珀林（George Sperling）提出，瞬时记忆的主要存储形式以视觉和听觉为主。短时记忆又叫工作记忆，这类记忆的存续时间一般在 30 ~ 60 秒。英国心理学家约瑟夫·康拉德（Joseph Konrad）提出，短时记忆的主要存储形式是语音。存续时间在 1 分钟及以上的称为长时记忆。英国心理学家艾伦·巴德利（Alan Baddeley）提出长时记忆的主要存储形式是文字和图式。

人类拥有记忆功能主要是为了存储思维（thinking）和想象（imaging）的信息素材。在记忆的加持下，思维和想象才得以实现。人类发达的思维能力和想象能力是有别于其他生命体的特征心智之一。思维和想象是人类所拥有的高级认知功能。思维是对外部客观信息的加工过程，想象是对记忆信息的主观改造和重组过程；思维聚焦于对客观信息的分析，想象则基于当下的信息进一步开展推演和预测；思维的产物相对来说更加现实，而想象的产物则会包含尚不存在的非真实事物。在人类的情感心智中，思维和想象的产物往往会成为情感生成的诱发因素。

（4）情感模型的运作机理

情感心智的运作涉及心理要素的交互和协同，是一套完整的人类心智过程。这套情感心智过程是心理学和神经科学领域的研究热点，它可以分为三个阶段：诱发前准备阶段、诱发和生成阶段、认知和反馈阶段。

诱发前准备阶段的核心任务是对一切与情感诱发和生成有关的内外部信息进行采集。如前所述，感觉和知觉功能是这一阶段的关键。在人类日常生活的环境中，能够诱发情感生成的"诱发源"数不胜数，据其所属的环境可分为外源和内源两类。已知的主要外源是各种个体所处环境中的种种外部刺激物或事件。例如，我们常说"睹物思人"，其中"思人"指的是思念的情感，而"睹物"就是通过视觉接收到外部诱发刺激的心智过程。这种刺激既可以由外部事物直接诱发，如一张逝去亲人的照片，也可以由事物背后所涉及的相关的记忆间接诱发，如由一张毕业证联想到就学期间的一些往事。诱发情感生成的内源则相对复杂。常见的内源包括对自身状态的感知和内隐思维或想象过程。对自身状态的感知主要源于人们对身心健康问题的觉察，这是一种很常见的情感诱发内源。内隐思维或想象过程既可能来源于对真实事件的推演，也可能子虚乌有、凭空捏造。但是，无论哪一种，都会成为诱发情感的内源。例如，人们常说的"杞人忧天"，这里的"杞人"和"忧天"分别表示的是"担心"和"忧虑"的情感，而这种情感经常由于对尚未发生事件的预测而诱发，这种预测就包含了思维和想象的心智过程。

在外源信息的采集方面，人类主要通过视觉、听觉和肤觉来获得。视觉能够使人观察到他人的表情和举止，听觉能够使人理解他人的语义和识别他人的语调，肤觉能够使人感知他人的生理状态和反应。在内源信息的采集方面，内脏觉是主要的通道，通过对身体部位情况的觉察以帮助判断健康状态等，从而诱发积极和消极的情感。除此以外，还有思维和想象两大心智过程，其本身也是内源的一种。在外源或内源环境的刺激下，人类的心智会逐渐生成进而形成经验认知，后者则以一种相对通用的思维模式对同类刺激信息进行再加工，形成基于过往经验的观点。这也就是知识和技能学习的过程。无论是外源还是内源，人类的神经系统和大脑分区发挥着各自不同的作用，通过神经网络的联结，最终形成了人类的情感心智过程。

（5）经典情感理论模型

在情感计算领域，运用最多的理论模型是情感分类理论模型，主要包括离散情感模型和维度情感模型。离散情感模型将情感分为各个独立的标签，每一种情感之间没有关联性。美国心理学家卡罗尔·伊扎德（Carroll Izard）使用因素分析法，建立了包括兴趣、惊讶、痛苦、厌恶、高兴、愤怒、恐惧、悲伤、害羞、轻蔑、忏悔在内的 11 种基本情感分类模型。美国心理学家保罗·埃克曼（Paul Ekman）通过表情分析，得出了更为普遍接受的 7 种基本情感分类模型，即快乐、悲伤、愤怒、厌恶、惊讶、恐惧和蔑视。离散情感模型更符合人的认知与在日常生活中的表达形式，主要反映的是人类的基本情感类型，区分较为清晰，具有天然的可解释性。维度情感模型则是运用情感空间将不同的情感通过多维向量进行表示。在情感的二维分类模型中具有代表性的是美国心理学家詹姆斯·罗素（James Russel）提出的环形情感分类模型（见图 1-4），也因其横纵轴结构（横轴表示效价，左右分别表示消极和积极情感；纵轴表示唤醒度，上下分别表示唤醒程度高和低）被称为 VA（Valence-Arousal）情感模型。情感的三维分类模型的种类很多，主要也是通过轴和极点来界定情感的类型，所有情感分布在每个轴两极间的不同位置，比较常用的有两种：由愉悦度（Pleasure）、激活度（Arousal）、优势度（Dominance）组成的情感三维模型；由愉悦度（Pleasure）、强度（Activation）、关注度（Attention）组成的情感

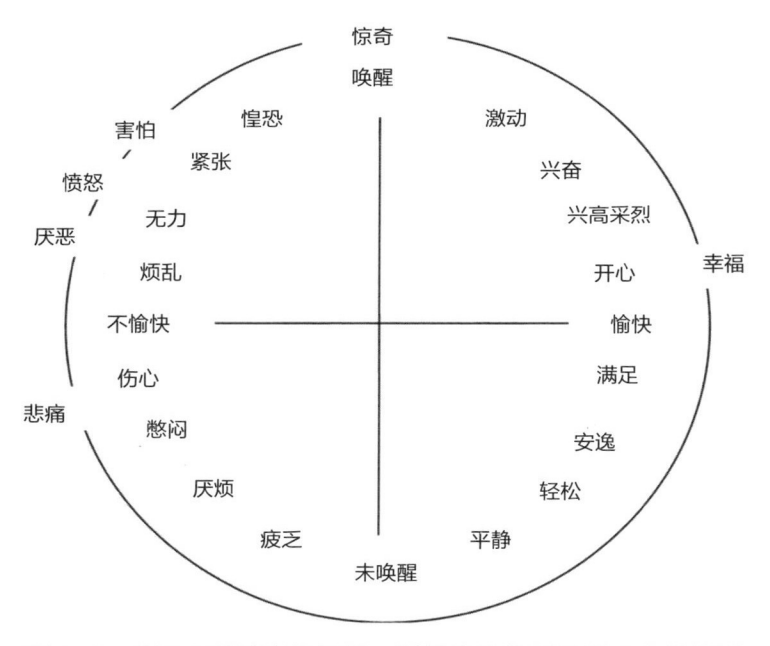

图 1-4　美国心理学家詹姆斯·罗素提出的环形情感分类模型

三维模型。另一个著名的情感三维模型是美国心理学家罗伯特·普拉奇克（Robert Plutchik）提出的基于情感进化理论的"情感轮"模型（见图1-5），也被称为倒锥体情感三维模型，包括两极性（Polarity）、相似性（Similarity）、强度（Intensity）三个维度。不同于传统的情感维度模型，该模型是情感进化理论的一部分，系统阐释了8种基本情感，并提出了"其他情感（复合情感）是由基本情感组合而成"的重要论述。情感的四维分类模型由于过于抽象和复杂，并未被广泛接纳。目前，运用比较多的是情感二维分类模型和情感三维分类模型。在这些理论模型的基础上，研究者尝试对情感进行量化，转换成客观可表征的数据，以推动人机交互和情感体验研究的发展。

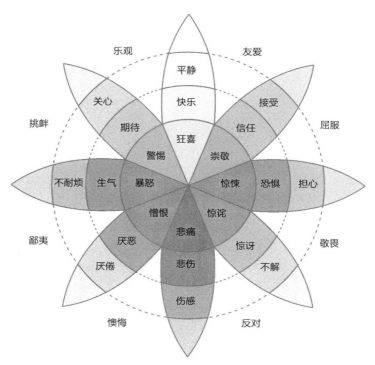

图1-5　美国心理学家罗伯特·普拉奇克提出的"情感轮"模型

此外，拥有更高分类维度的情感四维分类模型由于过于抽象和复杂，并未被广泛采纳和应用。当前，在心理学、神经科学和情感计算智能领域运用较多的是二维情感分类模型和三维情感分类模型。在这些理论模型的基础上，研究者正尝试对情感进行量化，并转换成客观的、可表征的数据形态，从而推动计算机和人工智能开发体系下的情感心智实现。

1.3　情感计算发展历程与内涵

当人工智能之父、美国麻省理工学院的明斯基与其同行在 1956 年提出"人工智能"这个概念后，人们便开始通过研究人类智能活动的规律建造智能系统，以期让计算机能够模拟甚至拥有类人的智能行为。由此，计算机和智能机器开始与人类建立起一种前所未有的亲密关系。1960 年，美国心理学家丹尼尔·卡茨（Daniel Katz）发表了关于态度功能的理论，揭示态度具有 4 种功能：一是效用功能，与奖励和惩罚相关；二是价值表达功能，有表达自我价值观的需求；三是自我防御功能，属于自我保护机制；四是认知功能，对赋予意义的需要。1990 年，美国心理学家、耶鲁大学的彼得·萨洛维（Peter Salovey）和新罕布什尔大学的心理学家约翰·迈耶（John Mayer）发表了名为《情感智能》（*Emotional Intelligence*）的文章，展示了他们创建的一个情感智能框架。他们认为，情感也是一种智能，这种智能具有处理能力，并强调情感是一种认知成分。由此，情感心智开始逐渐受到学者的关注。1997 年，皮卡德出版《情感计算》一书，书中对情感计算进行了明确的定义和发展路径的阐述。这一切都标志着情感计算作为一门交叉学科正式登上学术和技术应用转化的舞台。

　　此后，关于情感计算的研究日益活跃，越来越多的算法策略和模型应运而生。1999 年，日本东京工业大学教授森山刚（Tsuyoshi Moriyama）和爱知工科大学教授小泽真司（Shinji Ozawa）共同发文提出了语音和情感之间的线性关联模型，并据此在电子商务系统中构建出能够识别用户情感的图像采集系统和语音界面，第一次实现了情感识别的应用。自此，日本的"感性工学"得到逐步发展，即从工程学的角度实现对人的感性需求的满足，把情感信息的研究从心理学过渡到心理学、信息科学等相关学科的交叉融合领域。在欧洲，许多大学成立了情感与智能关系的研究小组，如瑞士日内瓦大学的情绪研究实验室、比利时布鲁塞尔自由大学的情绪机器人研究小组、英国伯明翰大学的情感计算与认知小组等。2004—2007 年，欧盟设立了一个名为 HUMAINE 的人机交互情感项目，旨在为能够记录、建模和影响人类情感的情感导向系统的发展奠定基础，有 27 所大学参与了该项目。在北美洲，美国人工智能协会（AAAI）分别在 1998 年、1999 年和 2004 年召开了针对人工情感和认知的专业学术会议。2010 年，《电气与电子工程师协会情感计算汇刊》（*IEEE Transactions on Affective Computing*）创立。这是情感计算的第一本学术期刊，而且是在全球最大的专业技术学会上宣布创刊。这代表情感计算受到社会认可，赢得了属于自己的一席之地。

　　中国的情感计算发展较国外而言稍晚一步。2003 年 12 月，第一届中国情感计算及智能交互学术会议在北京举办。会议收到来自海内外近百篇论文的投稿，邀请了海外学者到场交流和探讨。不到两年，2005 年首届情感计算和智能交互国际学术会议在北京召开。随后，多所大学和科研院所启动建立相关科研团队和实验室，其中具有代表性的有清华大学人机交互与媒体集成研究所、之江实验室跨媒体智能研究中心、中国科学院自动化研究所和哈尔滨工业大学社会计算与信息检索研究中心等。2021年4月，中国中文信息学会情感计算专委会在北京筹备成立。

由此可见，2000年后的前20年是全球在情感计算领域飞速起步、遍地开花的上升期。相关工作从无到有，从最初的点状科研向国际化、联盟化和体系化合作科研进一步迈进。

1.3.1　内涵和定义

1956年夏天，在美国达特茅斯学院举办了一场汇聚各领域专家的学术会议，会议的重点是研讨如何用机器模拟人的智能，并首次提出人工智能（Artificial Intelligence）的概念，人工智能学科由此诞生。作为人工智能的先驱，明斯基曾多次被问及关于机器情感的问题。他认为，问题不在于智能机器能否有情感，而在于没有情感的机器能否实现智能。这也被认为是他首次提出让计算机具有情感能力的最初设想。

在皮卡德的《情感计算》一书中，情感计算正式成为一门系统性的独立学科。最初，英文中定义的情感所采取的单词是"emotion"，与现在情感计算（affective computing）的叫法有所不同。如前所述，情感（affection）、情绪（emotion）和其他同义词是存在区别的。从现代汉语的视角进行理解，情感计算所模拟的应当是广义情感，即包含了狭义情感、情绪和心情的所有内容，是一种主观心智，具有维系人类关系和道德约束的作用。这也是"affective computing"被认为是情感计算标准英语用词的主要原因。

与其他学科的发展一样，在情感计算的研究和实现过程中并非所有学者都是以一个统一的理论视角来开展工作的。例如，皮卡德就采用了认知心理的研究框架，将视野更多聚焦于情感心智的建模和实现。与皮卡德不同的是，瑞典计算机科学家克里斯蒂娜·霍克（Kristina Höök）以及美国计算机科学家菲比·森格斯（Phoebe Sengers）和保罗·多罗希（Paul Dourish）等人工智能学者从现象学视角出发，认为情感计算中的情感是在人与人、人与机器之间的交互中构建起来的，因此更注重通过迭代和深度学习等策略来最终实现情感计算的全面拟人化。

我国对情感计算的研究始于20世纪90年代。1998年，国家自然科学基金委员会就将和谐人机环境中的情感计算理论研究列为当年信息技术领域中的高新技术探索主题。中国科学院自动化研究所是中国最早成立的国家自动化研究机构，长期专注于智能科学与技术研究，并具有模式识别国家重点实验室、中国科学院自动化研究所和香港科技大学智能识别联合实验室等涉及情感计算研究的多个科研部门。该所也是我国开展情感计算研究的机构。其中，由胡包刚教授带领的团队经过一系列的研究提出了对情感计算的首个中国定义：情感计算的目的是通过赋予计算机识别、理解、表达和适应人的情感的能力来建立和谐人机环境，并使计算机具有更高的、全面的智能。电子科技大学讲席教授、日本工程院院士任福继（Fuji Ren）认为，情感计算旨在通过开发能够识别、表达、处理人情感的系统和设备来减少计算机与人之间的交流障碍。我们认为，情感计算是赋予机器以感知、识别、理解情感并具有拟人化情感表达的能力。

1.3.2　研究内容

情感计算的研究内容主要包括5个方面（见图1–6）。

情感基础理论模型主要包括离散情感模型和维度情感模型两种类型（见图1–7）。两种类型各有优劣，具体采用哪种模型，取决于实际应用任务和场景需求。

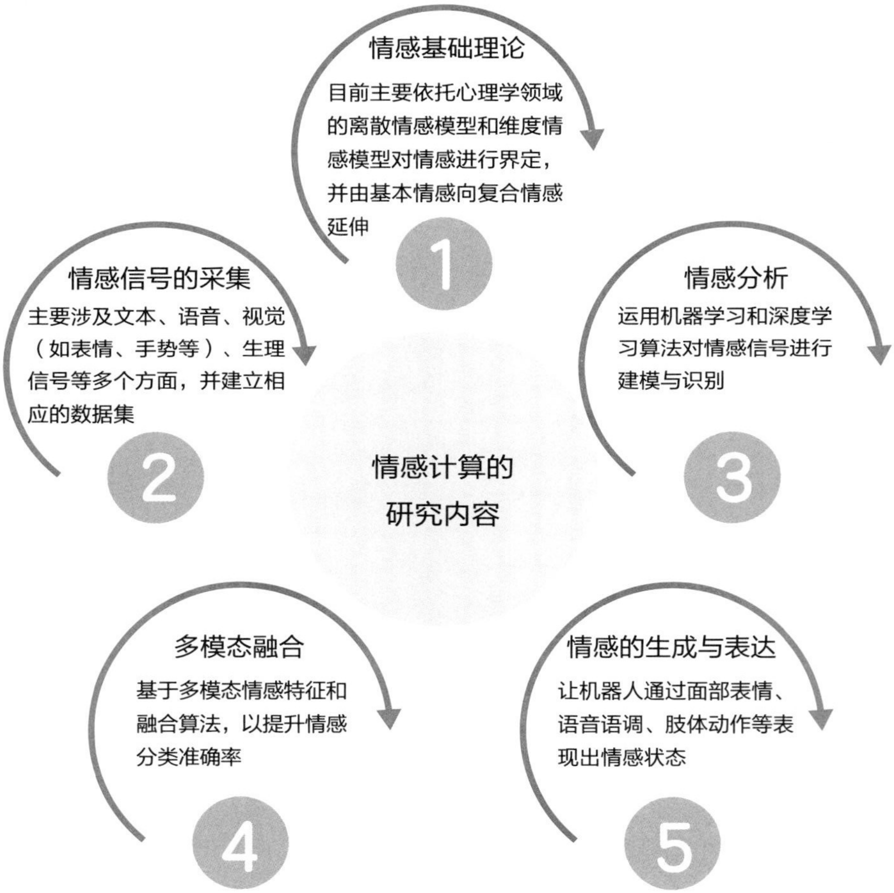

图1-6 情感计算的研究内容

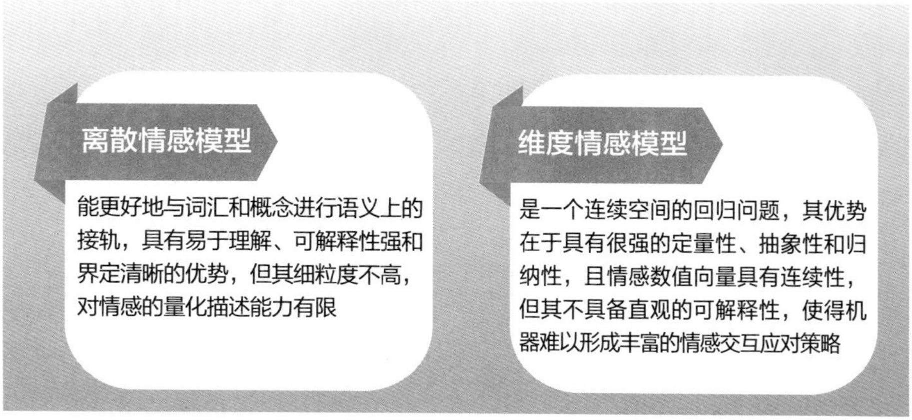

离散情感模型	维度情感模型
能更好地与词汇和概念进行语义上的接轨，具有易于理解、可解释性强和界定清晰的优势，但其细粒度不高，对情感的量化描述能力有限	是一个连续空间的回归问题，其优势在于具有很强的定量性、抽象性和归纳性，且情感数值向量具有连续性，但其不具备直观的可解释性，使得机器难以形成丰富的情感交互应对策略

图 1-7　情感基础理论模型

　　在信号数据采集方面，语言文字作为人类最重要的沟通工具，在各种沟通载体上形成了海量的数据资源，为文本挖掘提供了基础。因此，语言文字信号获取的成本最低。但是，数据质量参差不齐，容易产生语法错误、文字乱码等问题，从而对情感识别产生不利的影响。由于摄像头、麦克风等传感器成本较低且无须与用户直接接触，采集语音、面部表情等情感信号较为便利。这些领域的数据量十分庞大，相关的研究论文数量也很多，且不少数据直接来自实际场景。

　　生理数据相较于文本、语音、表情等信号数据，其优势在于能够更加直接、客观、真实地反映个体的情感状态，较少受到个体主观意识的影响。因此，生理数据也成为情感计算领域的研究热点之一。目前，在情感计算领域，运用较多的生理数据包括脑电、皮肤电、呼吸、皮肤温度、心电、肌电、血容量脉冲、眼电等。由于需要佩戴较为复杂且成本较高的生理数据传感器，生理数据的获取较难在实际应用中进行推广。目前，实验室或研究所能够使用的生理数据规模普遍较小。

针对文本数据、语音数据、视觉数据、生理数据，研究人员开发了相应的数据分析算法和工具（见图 1-8）。

图 1-8　数据分析算法和工具

① 文本数据分析

传统的文本情感分析通过构建特定领域的情感词典，再根据情感词和文本的映射关系进行情感分析。但是，情感词典的特定属性限制了文本情感分析在多领域应用的能力。近年来，随着深度学习的发展，以基于 Transformer 模型的双向编码器表示（Bidirectional Encoder Representation from Transformers，BERT）语言模型和生成式预训练（Generative Pre-trained Transformer，GPT）语言模型为代表的预训练语言模型在多种情感分析任务中获得成功，这引起了学术界和产业界极大关注。

② 语音数据分析

语音情感识别借助语言学和声学的相关技术，除了分析语法、语义之外，还会识别与情感状态有关的声学特征信息，如语速、语音、语调。当前，提取情感语音特征应用较为广泛的是 VGGish 模型和 wav2vec 模型。

③ 视觉数据分析

在表情、肢体动作、场景环境等视频和图片情感识别中，对面部表情的识别占据研究的主体。美国心理学家保罗·埃克曼（Paul Ekman）等人提出的面部动作编码系统（Facial Action Coding System，FACS）是一个经典的基本表情识别模型，该模型虽然简单但应用广泛。基于深度神经网络的深度情感特征，利用人脸情感识别数据集训练的神经网络模型，如VGGNet 深度卷积神经网络，取得了不错的效果。

④ 生理数据分析

与上述文本、语音、表情信号相比，生理信号的识别难度更大。同时，生理信号具有独特的属性。例如，在对脑电数据进行计算时，需要开展较为繁杂的预处理流程，包括电极位置定位、带通滤波、转换参考、分析段截取、伪迹去除、坏电极插补等。随后要采取特征提取、特征降维等步骤，最后运用机器学习分类器对情感进行识别。自 2018 年以来，运用深度学习方法开展脑电数据情感计算的论文呈现较大幅度的增长态势，包括卷积神经网络（Convolutional Neural Network，CNN）、深度信念网络（Deep Belief Networks，DBN）、循环神经网络（Recurrent Neural Network，RNN）、栈式自动编码器（Stacked Auto Encoders，SAE）等在内的方法得到普遍运用。

早期的情感计算一般是单模态的，即在文本、语音、表情、肢体动作、生理信号等模态中对其中一种进行数据分析和情感识别。然而，人在表达情感的时候往往是通过多种方式进行联合表达的。因此，使用单模态进行情感识别所获取的情感信息具有局限性。人的情感丰富、细腻，表达形式多种多样，这就需要融合多个信息源，综合处理，协调优化，以求尽可能精准地识别人类情感。多模态融合算法利用来自不同模态的信息整合成一个稳定的多模态表征，可以有效地解决这一问题。根据融合阶段的不同，常见的多模态融合方法可以分为基于特征级的早期融合、基于模型级的混合融合、基于决策级的后期融合。

根据情感的分析识别结果，机器通过面部表情、情感内容和语音回复生成、肢体动作等方式向用户传递带有情感温度的表达和回应。例如，利用特定的声音风格、综合具有情感标签的文本内容合成语音，让机器表达出特定的情感。这个过程将需要合成的文字内容和特定风格的声音输入神经网络，然后让神经网络合成特定风格的语音。如果需要通过肢体动作表达情感，则需要先分析动作的基本单元，然后再根据情感与单元组合的映射关系合成相应的交互动作，让机器执行。

1.3.3 情感计算的意义

（1）情感计算是实现自然化、拟人化、人格化人机交互的基础性技术和重要前提

首先，情感计算让人机交互拥有"深度"。计算机虽然已经拥有强大的计算能力，但是因缺乏与人相似的情感能力而始终无法与人进行深层次的、自然的人机交互。皮卡德曾表示，当初就是因为在研究人工智能时好像各方面受限于忽视了情感或者无法充分理解情感的机制。这促使她提出情感计算的概念并展开研究。情感的识别和表达对信息的交流和理解是必需的，使机器具备情感智能从而有助于交互信息的深度感知和理解。其次，情感计算让人机交互拥有"温度"。人与机器的交互不再冰冷和程式化，而是更加贴心和共情，以突出人本理念、人性理解、人文关怀。再次，情感计算让人机交互拥有"态度"。机器拥有了人格化特征、个性甚至是自我意识，可以带来全新的人机共生生态。

（2）情感计算为人工智能决策提供了优化路径

17—18 世纪，法国哲学家勒内·笛卡尔（René Descartes）提出的身心二元论在西方世界占据思想的主流。笛卡尔拒绝承认情感在理性决策中的作用，认为受情感支配会丧失自主权。然而，如今众多研究已经表明情感在决策、理解、学习等理性思考中扮演着重要且正面的角色，并影响最终的结果。认知神经科学家通过对情感障碍病理学、神经生理学、神经影像学等的研究，为情感影响认知这个理论提供了坚实的科学依据。大量的研究表明，人在解决某些问题的时候，纯理性的决策往往并非最优解。在作出决策时，情感的加入反而有可能帮助人们找到更优解。因此，情感变量的输入或将能够帮助机器作出更加人性化的决策。

（3）情感计算在多领域具有巨大应用价值，对开启智能化、数字化时代具有重大价值

目前，情感计算在教育培训、医疗健康、商业服务等领域的应用，极大地提高了人的生活质量和幸福感。

在教育培训领域，情感计算的切入点主要在于识别学习者的情感状态，然后给予相应的反馈和调节。例如，教师能够通过情感教学智能系统，进一步了解学生的课堂参与度，以便及时调整教学节奏和内容，改进教学计划。智能系统能够通过情感分析挖掘学生感兴趣的主题，从而推荐定制化的学习内容。学生也能通过智能系统进行真实的教学反馈，以提高教学评价的综合性与准确性。智能系统的优势在于既能在传统课堂中使用，也能嵌入网络软件被应用于线上课堂。特别是近期在新冠肺炎疫情的影响下，线上教育培训的应用场景更广、频率也更高。但是，远程教育缺乏面对面互动的情感化课堂氛围。因此，使用情感计算的线上课堂值得被应用和推广。除了课堂教育之外，情感计算还有利于教育游戏和教育机器人的研究和发展。融入情感元素的游戏和机器人能够带来更好的人机交互体验，从而更有效地达到教育培训目的。

在医疗健康领域，尤其是在心理疾病的治疗上，情感计算能够科学和客观地对患者的情感进行识别和判断，这是对行为观察、量表填写等主观性较强的传统诊断手段的有益补充。客观的数据有利于个性化、精准化医疗水平的提升，根据收集到的数据，可以为患者量身打造最合适的治疗方案。

在商业服务领域，情感计算的应用更加广泛。一方面，消费者的体验与情感高度关联，情感计算可以帮助企业了解消费者的内心世界和驱动消费行为的诱因。由此挖掘产生的信息能够协助企业制定具有前瞻性的商业策略。另一方面，具有情感交互能力的产品或智能服务，有助于提升品牌的黏性和客户满意度。

此外，情感计算还能用于安保防范和舆情监控，能够在减少人力成本的同时提升监控质量，保障社会和谐、稳定、安全。

总体而言，虽然情感计算的研究和应用时间不长，但是可以预见其潜力巨大。近代科学大部分是在认识和改造外部世界的过程中发展起来的，但目前人们对内心世界的认识还处于比较粗浅的阶段。情感计算是在人工智能框架下的一大进步，它体现了一种更高层次的智能，有助于引领人类走向和谐人机共生社会。

第二章 技术综述

随着计算机科学的不断发展，以及社会对个性化人机交互需求的不断增强，情感计算在人机交互中的重要性日益凸显，基于情感理解与表达的人机交互研究也受到了各领域的广泛关注。情感计算对人的感知、推理、决策、规划、创造、社会互动等许多活动起着不可或缺的作用。情感计算大致可分为单模态情感计算和多模态情感计算，本章将按照图 2-1 所示，对情感计算展开介绍。

2.1 单模态情感计算

单模态情感计算主要包含文本、语音、视觉、生理信号等 4 种模态。下面将分别介绍其技术情况。

2.1.1 文本情感计算

文字是人与人之间的交流因时空等限制而借助的媒介，也是记录信息

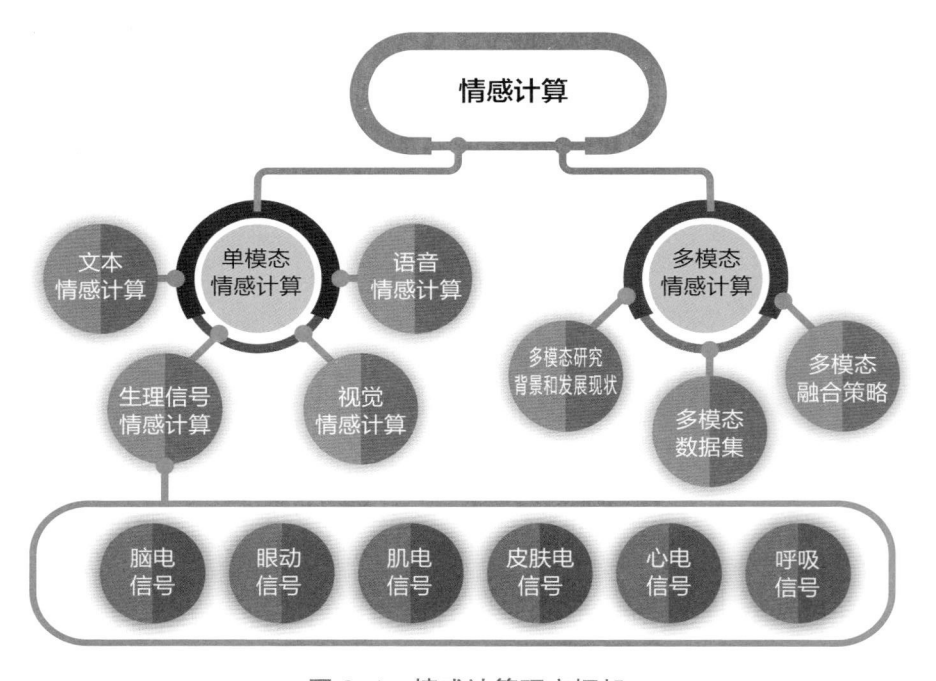

图 2-1 情感计算研究框架

的一种载体。文字记录了人的思维意识活动，其中一些文字一定带有情感倾向，那么对这部分信息的挖掘、研究和应用就是文本情感计算的主要内容。

（1）研究背景和发展现状

由于机器无法直接理解语言文字这种非结构化的数据，自然语言处理（Natural Language Processing，NLP）应运而生。NLP 有两个核心任务：一是自然语言理解（Natural Language Understanding，NLU）通过语法分析、句法分析与语义分析对句子、段落、语篇等长文本进行理解；二是自然语言生成（Natural Language Generating，NLG）将非语言格式的数据转换成人可以理解的语言格式。NLP 建立了人类与计算机沟通的桥梁。

由于数据的庞杂，人工分析成本高且耗时耗力，运用大数据技术和人工智能技术对文本的情感进行分析可以极大地提高效率和准确率。因此，文本情感计算应运而生且成为 NLP 的一大研究热点。目前，文本情感计算属于计算机语言学的研究范畴，主要研究情感状态与文本信息的对应关系。文本情感的计算主要由文本情感特征标注、文本情感特征提取算法和文本情感分类技术组成。

计算机无法识别文本，需要先将文本转为向量再进行分析。目前，常见的文本生成向量的方法有 CNN、RNN、长短期记忆网络（Long Short-Term Memory，LSTM）等。

（2）数据集

NLP 数据集主要按语言种类进行生产。中文文本分类领域的相关数据集有根据新浪新闻 RSS 订阅频道 2005—2011 年的历史数据筛选过滤生成的 THUCNews 数据集、根据新浪微博生成的 weibo_senti_100k 和 simplifyweibo_4_moods、今日头条新闻文本分类数据集、搜狗实验室开发的全网新闻数据（SogouCA）和搜狐新闻数据（SogouCS）、腾讯云消息队列 CKafka 上线的数据中心接入的服务模块 DataHub 等。英文文本分类领域的相关数据集有亚马逊评论数据集（Amazon Reviews Dataset）、安然电子邮件数据集（Enron Email Dataset）、包含 5 万余条电影评论的影评数据集（IMDB Dataset）、大型英文词汇数据库 WordNet 等。

（3）主要方法

文本情感分析的首要研究问题是情感分类。当前主流的情感分类方法大致有 5 种：通过构建带有情感倾向的情感词典再基于情感词典进行比较分析的方法、基于机器学习的方法、基于"情感词典 + 机器学习"的方法、基于弱标注的方法、基于深度学习的方法。

基于传统机器学习的情感分析方法主要有三类：监督学习、半监督学习和无监督学习。监督学习本质上是分类，通过已有的训练样本去训练以获得一个最优模型，再将全部的输入映射为相应的输出，对输出进行简单的判断从而实现分类目的的方法。常见的监督学习方法有 K 最近邻（K-Nearest Neighbor，KNN）、朴素贝叶斯（Naive Bayes）、支持向量机（Support Vector Machine，SVM）等。无监督学习没有任何训练样本，需要直接对数据进行建模。常用的无监督学习方法有 K 均值聚类算法（k-means clustering algorithm，K-means）、主成分分析法（Principal Component Analysis，PCA）等。半监督学习的方法是监督学习与无监督学习相结合的一种学习方法。

上述方法虽然简单易懂也具有较高的稳定性，但是存在精度不高和依赖人工操作的缺陷。基于深度学习的分析方法弥补了这种缺陷。一方面，神经网络的引入使模型的预测精度得到提高；另一方面，不需要额外构建字典，从而降低了工作复杂度，减少了对人工操作的依赖。例如，LSTM 能够对前后文进行连贯性建模、BERT 能够将全文作为训练样本抽取特征。

当人们在阅读一段文本时，都是基于自己已经拥有的对先前所见词的理解来推断当前词的真实含义，也就是说，思想具有持久性。于是，循环神经网络最先被应用到 NLP 中，保证了信息的持久化和前后信息的连贯性，其中比较经典的 RNN 是 LSTM、门控循环单元（Gate Recurrent Unit，GRU）。随着神经网络在 NLP 中的应用逐渐深入，研究者发现组合神经网络与单一的神经网络相比往往有性能上的提升。例如，在 LSTM

的神经层后面接上捕捉局部特征的 CNN，能够进一步提高精确度。但是，循环神经网络也不是完美的，尤其是 RNN 的机制会存在长程梯度消失的问题，对较长的句子很难寄希望于将输入的序列转化为定长的向量而保存所有的有效信息。为了解决由长序列到定长向量转化而造成的信息损失的问题，注意力机制（Attention Mechanism）被引入。2018 年，谷歌公司推出的预训练语言理解模型 BERT，通过大量无标注的语言文本进行语言模型的训练，从而得到一套模型参数，利用这套参数对模型进行初始化，再根据具体任务在现有语言模型的基础上进行精调来提高模型精度。

（4）问题和挑战

由于语言的复杂性，目前文本提取仍面临诸多挑战，如文本隐含内容的提取、非标准化文本的出现、不同语言的文本情感分析等。鉴于文本情感分析应用范围的复杂性，模型的适用范围往往较为单一，很难在多个应用场景中均保持良好的表现。此外，有限的数据集也限制了文本情感分析在多元化场景中的应用。

虽然文本能独立地表示一定的情感，但是人们的交流总是通过信息的综合表现来进行的。因此，多模态的情感分析更符合人们对情感的感知，也更符合人们表达情感的模式。研究的结论也表明，相比单一的文本情感分析，多模式的情感分析效果更好。根据模态组合的常见方式，由文本情感分析衍生出两大类多模态分析，即文本音频分析和视频文本分析。这也是目前研究者普遍关注的领域。

2.1.2 语音情感计算

（1）研究背景和发展现状

传统的语音处理系统仅仅着眼于语音词汇传达的准确性，随着语音识别技术的迅速发展，如何识别语音中的情感已成为语音识别领域新兴的研究方向。如今，"物"与"人"的交互变得更加频繁和重要，人与人之间最自然的交互——语音交互，成为物联网中较为理想的人机交互方案。

语音情感是指语音信号蕴含的说话者的情感，主要表现在两个部分：一个是语音所包含的语言情感内容，另一个是声音本身所具有的情感特征，如音调的高低变化等。与语音情感相关的计算称为语音情感计算。语音情感计算的研究内容包括语音情感识别和语音情感合成。

（2）数据集

语音情感数据集是语音情感计算的重要组成部分。目前，数据集的主要分类方式有两种：按照情感语音的生成方式、情感的描述模型进行分类。根据语音的生成方式分类，语音情感数据集可被分为三类，分别是表演型、引导型、自然型；根据情感的描述模型分类，数据集可被分为两类，分别是离散语音情感数据集、维度语音情感数据集。常用的代表性语音数据集如图 2-2 所示。

（3）主要方法

语音情感识别系统对给定语音的潜在情感进行分类的方法包括传统方法、基于深度学习的方法。传统的分类器有两类：一类是基于统计的分类器，另一类是基于判别的分类器。基于统计的分类器主要包括隐马尔可夫模型（Hidden Markov Model，HMM）、高斯混合模型（Gaussian

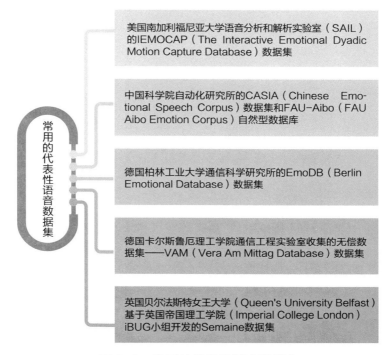

美国南加利福尼亚大学语音分析和解析实验室（SAIL）的IEMOCAP（The Interactive Emotional Dyadic Motion Capture Database）数据集

中国科学院自动化研究所的CASIA（Chinese Emotional Speech Corpus）数据集和FAU-Aibo（FAU Aibo Emotion Corpus）自然型数据库

德国柏林工业大学通信科学研究所的EmoDB（Berlin Emotional Database）数据集

德国卡尔斯鲁厄理工学院通信工程实验室收集的无偿数据集——VAM（Vera Am Mittag Database）数据集

英国贝尔法斯特女王大学（Queen's University Belfast）基于英国帝国理工学院（Imperial College London）iBUG小组开发的Semaine数据集

常用的代表性语音数据集

图 2-2　常用的代表性语音数据集

Mixture Model，GMM）和 KNN。基于判别的分类器主要包括人工神经网络（Artificial Neural Network，ANN）、决策树（Decision Tree）和 SVM。深度学习算法由于多层次的结构和高效的结果而被广泛应用于语音情感识别领域，主要包括深度玻尔兹曼机（Deep Boltzmann Machines，DBM）、递归神经网络、CNN、LSTM，以及引入注意力机制的 LSTM。

（4）问题和挑战

语音情感计算虽然具有广阔的应用前景，但是尚未达到成熟阶段。目前，语音情感计算尚待解决的问题，包括缺少被广泛认可的数据集、标注困难、语音的声学特征与情感映射关系不清等。

2.1.3　视觉情感计算

（1）研究背景和发展现状

在社交媒体时代，随着具有拍照功能的移动终端的普及，各类图片和视频如潮水般涌入网络，这为情感计算研究者提供了海量数据，人们尝试用合适的模型来识别图片和视频所承载的情感信息。

目前，视觉情感计算的研究热点主要包括基于面部表情的情感识别研究和基于肢体动作的情感识别研究。基于面部表情的情感识别研究，主要通过传统计算机视觉，以及深度学习来理解面部特征和情感；基于肢体动作的情感识别，主要通过人体肢体动作来获取人的情感信息。肢体动作与面部相比具有更大的自由度，这使得它能够通过更丰富的方式来表达更复杂的情绪甚至意图，也有助于使机器具有理解更丰富、更细微情感的能力，进而挖掘个体内心更深层次的情感和意图。

（2）数据集

视觉情感数据集可以分为图片情感数据集（见图 2-3）和视频情感数据集（见图 2-4）。

（3）主要方法

视觉情感计算主要研究从视觉信息感知和理解人的情绪，可以通过传统机器学习方法与基于深度学习的方法，对视觉情感计算进行研究。传统机器学习方法主要有方向梯度直方图、支持向量机、K 最近邻、随机森林等。但是，当面对爆炸式增长的视觉内容数据量时，传统机器学习方法难

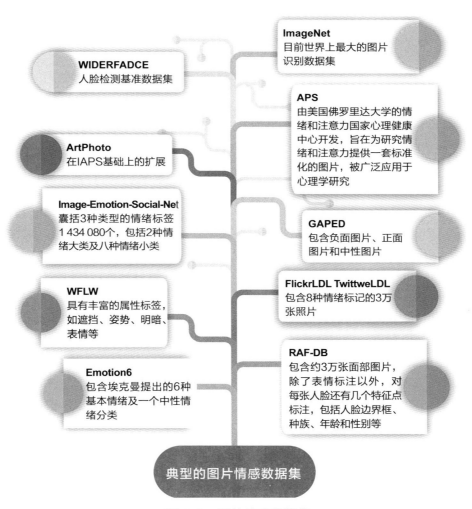

图 2-3　图片情感数据集

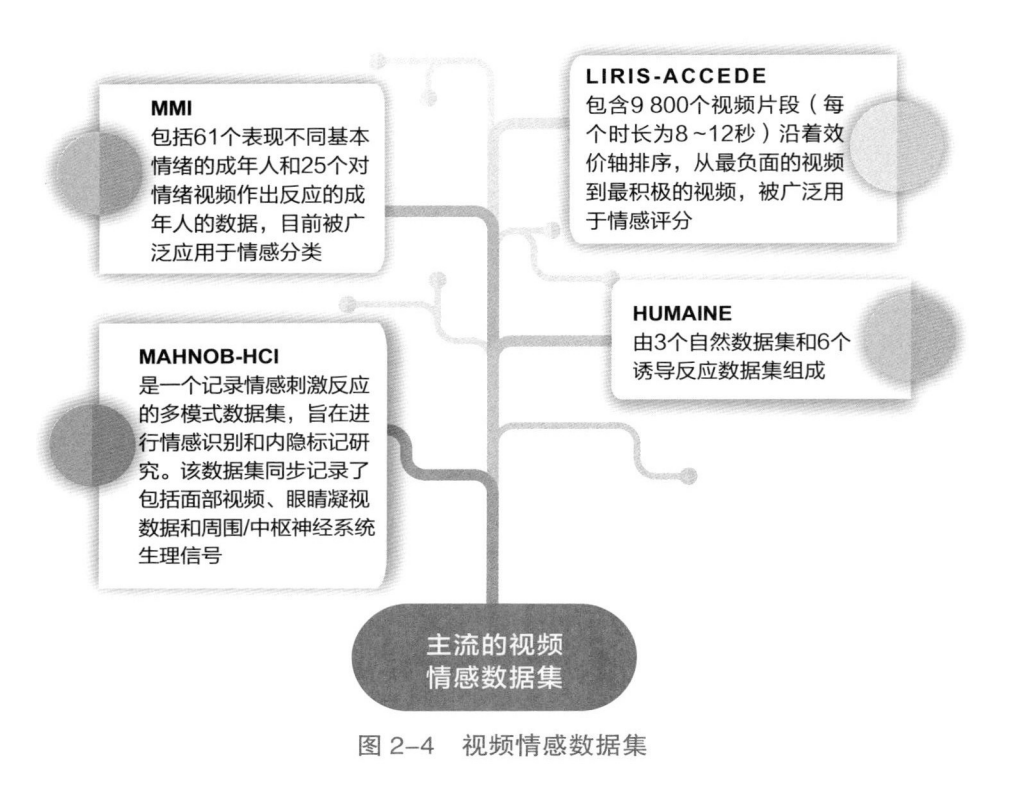

MMI
包括61个表现不同基本情绪的成年人和25个对情绪视频作出反应的成年人的数据，目前被广泛应用于情感分类

LIRIS-ACCEDE
包含9 800个视频片段（每个时长为8~12秒）沿着效价轴排序，从最负面的视频到最积极的视频，被广泛用于情感评分

MAHNOB-HCI
是一个记录情感刺激反应的多模式数据集，旨在进行情感识别和内隐标记研究。该数据集同步记录了包括面部视频、眼睛凝视数据和周围/中枢神经系统生理信号

HUMAINE
由3个自然数据集和6个诱导反应数据集组成

主流的视频情感数据集

图 2-4　视频情感数据集

以快速、准确地处理多媒体内容数据的伸缩性、泛化性问题。

　　近年来，深度学习在许多领域均取得不错的成绩，尤其是在图片分类、图片识别、图片检索等计算机视觉领域。视觉情感计算的深度学习方法与传统方法相比，具有更高的鲁棒性与准确性，因此被广泛应用于基于视觉的情感计算与分析领域。图片情感计算方法以卷积神经网络方法为代表，主要通过深度学习，从大量图像数据中自动学习有助于情感分类的有效特征或强特征，以进一步提升图片情感计算或分类能力。视频情感计算方法以循环神经网络为主，该深度学习方法擅长处理视频等序列输入，被广泛应用于计算机视觉任务。

（4）问题和挑战

视觉情感计算在实际应用中面临不少难题。一是语义鸿沟。语义鸿沟是由于计算机获取图片的视觉信息与用户对图片理解语义信息的不一致而导致的偏差。二是情感表述的准确性问题和标注困难问题。

2.1.4　生理信号情感计算

（1）研究背景和发展现状

随着高精确度、小型、便携和低成本传感器的普及，基于生理信号的情感计算快速发展。广义而言，所有身体变化都可以视作生理信号。情感计算研究最常用的生理特征是脑电、心率和心率异变、皮肤电流反应等。

（2）常用生理信号

① 脑电信号

脑电信号与其他生理信号相比，具有直接客观、难以伪装、容易量化、特征多元的特点，并且与情感具有直接相关性，能够表现出更高的情感识别精度，因此成为基于生理信号的情感识别中应用最广泛的信号之一。在脑电信号预处理中最重要的过程是去除伪迹和噪声，剥离与情感相关的脑电活动，从而提取多种特征，如事件相关电位（ERP）、信号统计量、不稳定指数、高阶交叉特征、分形维数等时域特征，功率谱密度、微分熵等频域特征，事件相关去同步（ERS）、事件相关同步（ERD）、时频微分熵等时频域特征，非线性动力学特征，空域特征。最后，将多种特征带入分类器进行分类。卷积神经网络、深度信念网络、深度残差网络等深度学习的方法也被用于基于脑电信号的情感分类。

② 眼动信号

眼动信号主要通过眼动追踪技术获取，记录人的眼球运动在时间和空间上的数据。这些数据主要包括注视时间、注视位置、瞳孔大小、眼电图信号等，其中眼电图信号是在眼动信号中应用比较广泛的信号。眼电图信号一般通过 Hjorth 参数、离散小波变换等多种方式提取特征，并将特征带入分类器中进行分类。深度学习算法也逐步被应用于特征提取、特征融合、情感分类等多个情感识别过程，以提升情感计算的效果。

③ 肌电信号

肌电信号主要通过电极检测肌肉收缩时产生的表面电压，从而获取肌电图数据。肌电信号数据集主要包括 DEAP、DECAF、HR-EEG4EMO、BioVid Emo DB 等。肌电信号的特征一般包含时域和时频域两个方面。时域主要提取肌电信号的均值、标准差、最大值、最小值等统计学的特征。时频域主要是通过小波变换对肌电信号进行分解，提取各层小波系数的均值、标准差等。肌电信号的预处理包括滤波、降噪等，通过基于时域、频域以及二者相结合等进行特征提取，利用小波变换、独立成分分析（ICA）算法等进行特征选择与降维，从而将特征带入基于传统方法的分类器或深度学习算法中进行分类。

④ 皮肤电信号

皮肤电信号是一种常用的情感计算指标，依赖于人体的汗腺分泌，电导率随着汗液离子填充汗腺而变化。皮肤电导可以在身体的任何地方测量，最常见的电极放置位置是在手的中指和食指末梢部位。皮肤电导水平（Skin Conductance Level，SCL）和皮肤电导反应（Skin Conductance

Response，SCR）是两个重要的情感计算特征。皮肤电信号数据集主要包括CASE、DEAP、HR−EEG4EMO、BioVid Emo DB 等。皮肤电信号的预处理包括降噪、归一化等，通过提取统计特征或算法优化的方式进行特征提取，最后将特征放入合适的分类器中进行情感计算。

⑤ 心电信号

心电信号（ECG）是人体心脏搏动时心肌细胞产生的动作电位综合而成的。心电信号能够反映心脏的活动，情绪的变化也会直接导致心脏活动的变化，因此心电信号也能运用于情感识别领域。

心电特征主要包括 PQRST（心电图的 5 个波形）、心率、心率变异性（如 SDNN、SDANN、rMSSD、pNN50 等），公开的心电信号情感数据集较少，常用的是德国奥格斯堡大学情感生理数据集和 HR−EEG4EMO 数据集。

⑥ 呼吸信号

呼吸是人体一个重要的生理过程，随着情感的起伏波动，呼吸系统的活动在速度和深度上会有所改变。因此，呼吸信号可以用于判断个体情感状态的变化。常用的呼吸信号特征包括呼吸频率、平均呼吸水平、连续呼吸之间的最长和最短时间、深呼吸和浅呼吸、相邻呼吸波峰的间期、呼气幅度的一阶差分和二阶差分等。常用的数据集是 DEAP 数据库、HR−EEG4EMO 数据集和 MIT 情感生理数据集。

（3）问题与挑战

基于生理信号的情感识别技术虽然已经拥有诸多成功案例，但是仍存在许多未解决的科学问题。

首先是信号的采集不便。测量生理信号是建立生理情感计算系统的第一步，而用于检测信号的传感器却极大地受限于场地、环境、可操作性等，也面临可穿戴性差和计算能力弱等困扰。其次是生理信号的通用性较低。例如，随着年龄的变化或某些疾病的产生，生理信号数据会产生差异，即使是同一个人，随着体力活动、交谈或姿势的变换，生理信号也会不同。再次是情感标注不精确、数据难以窗口化、采样烦琐、数据的处理与计算难度大，以及非情感和情感因素对生理影响存在多对一映射、用户隐私泄露等问题。

2.2 多模态情感计算

虽然人脸表情、肢体动作、语音等均能独立地进行情感理解和表达，但是人的相互交流总是通过不同模态信息的综合表现来进行的。多模态情感分析可以将不同模态之间的信息进行互补并用于消歧，使情感分析更准确，具有更高的鲁棒性，也更贴合人类的自然表达。这让多模态情感计算成为当下人工智能领域最热门的话题之一。

2.2.1 研究背景和发展现状

单模态的信息量不足且容易受到外界各种因素的影响，如面部表情容易被遮挡、语音容易受噪声干扰等。此外，当个体主观上对情感信号加以掩饰，或者单一通道的情感信号受到其他信号影响时，情感分析性能就会明显下降。人的情感通常以多种模态的方式呈现，大脑在整合多感官信息时存在多阶段融合的现象。多模态情感分析能够有效利用不同模态信息的协同互补来增强情感理解与表达能力。引入多模态情感计算是提高模型鲁棒性等性能以及优越性的关键。

目前，对多模态情感计算的研究主要集中在对情感识别和理解的方法上。多模态情感计算的发展趋势集中体现在 4 个方面：①融合语义信息多尺度对情感进行准确的理解，从多个维度进行多模态情感分析；②提高在复杂环境下情感计算的鲁棒性，实现在非协作开放模式下，面向高维碎片化开源数据，实现目标对象情感状态的精准识别；③与预训练及多任务联合训练等方法结合，实现在更多场景下的多模态情感计算；④探索通用的多模态情感计算模型，通过适配多场景应用，实现多模态情感计算应用零成本迁移。

2.2.2　多模态数据集

针对多模态情感计算的迫切需求，美国卡内基·梅隆大学提出了一个大规模的多模态对话情感计算数据集 CMU-MOSEI。CMU-MOSEI 包含了视频文本、用协同语音分析库技术（COVAREP）抽取的声学特征等。在标签方面，CMU-MOSEI 数据集不仅具有情感标签，而且对情感的强弱进行了标注，从而可以支撑细粒度的情感分析任务。目前，主流的生理信号类多模态情感计算资源主要采用音频、视频刺激方法诱发情绪，同步采集多模态生理信号，进而分析不同情绪下中枢神经系统和自主神经系统的反应，以实现基于多模态生理信号的情感识别。典型计算资源包括 DEAP、DECAF、HR-EEG4EMO 等数据集，包含脑电、皮肤电、呼吸、皮肤温度、心电、肌电、血容量脉冲、眼电等信号。实验被试者根据自身感受从唤醒度、效价、偏好、支配度和熟悉度等维度进行评分。由于被试者的性别、年龄等因素均会对情绪激发产生重要影响，考虑引入相关人口统计学信息并建模是非常必要的。

2.2.3　多模态融合策略

目前，新兴研究方法大多基于多模态情感特征及融合算法创新，以提升情感分类的准确率。在情感计算中，每个模块所传达的人类情感的信息量大小和维度不同。在人机交互中，不同的维度还存在缺失和不完善的问题。因此，情感计算应尽可能从多个维度入手，将单一不完善的情感通道补上，最后通过多结果拟合来判断情感倾向。

在模态融合方面，多模态情感计算可分为模型无关和模型依赖两种路线。模型无关包括特征级融合（前期融合）、决策级融合（后期融合）和混合式融合。特征级融合主要先通过构建特征集合或混合特征空间，再送入分类模型进行分类决策。决策级融合关键在于找出不同模态在决策阶段的可信程度，再进行协调、联合决策。混合式融合包含上述两种融合。模型依赖的方法为多模态融合设计了特殊结构，基于核函数的融合和基于图的融合常用于浅层模型，基于神经网络的融合、基于张量的融合、基于注意力机制的融合等则多用于深层模型。

模型级融合可以将不同模态特征分别输入不同模型结构再进一步提取特征。决策级融合与特征级融合相比，更容易进行，但关键是要探究各个模态对情绪识别的重要程度。然而，模型级融合并不需要去重点探究各模态的重要程度，而是要根据模态特性需要建立合适的模型，联合学习关联信息。总之，模型级融合相较于决策级融合和特征级融合最大的特点在于灵活地选择融合的位置。近年来，有学者提出了多阶段多模态情感融合，即先训练一个单模态模型，将其隐含状态与另一个模型特征拼接得到双模态模型并进行再训练，以此类推，得到多模态模型。

2.2.4　问题与挑战

解决多模态情感计算问题需要更丰富的模态信息积累，以及不同模态之间的细粒度对齐，这无疑对多模态信息的提炼与整合提出了更高的要求。同时，受情感信息捕获技术的影响，以及标记困难的问题，建立高质量多模态数据集是当下的主要挑战之一。传统多模态学习范式对特征之间的关联关系信息和特征的高阶信息的关注不够，而深度多模态学习范式则缺乏大规模的情感数据资源，有关多模态特征融合的情感理解模型研究还有待深入，如融合语义信息进行多尺度情感准确理解、提高复杂环境下情感计算的鲁棒性、探索通用的多模态情感计算模型等。这些技术的完善将进一步推动多模态情感计算的研究与发展。

第三章　成果情况

本章以科技文献为基础数据进行统计，若文中无其他特殊说明，统计口径如表 3-1 所示，检索策略如表 3-2 所示。

此外，本书还使用了以下数据库。

Incite 数据库　该数据库基于科睿唯安（Clarivate Analytics）Web of Science 核心合集七大索引数据库的数据全部文献类型的出版物数据进行出版物计数和指标计算，从而为科研人员提供绩效分析。

基本科学指标（Essential Science Indicators，ESI）数据库　该数据库是一个基于 Web of Science 数据库的深度分析型研究工具。ESI 可以确定在某个研究领域有影响力的国家、机构、出版物、论文及研究前沿。

期刊引证报告（Journal Citation Records，JCR）数据库　该数据库是一个多学科期刊评价工具。期刊引证报告提供基于引文数据统计信息的期刊评价资源。通过对参考文献的标引和统计，期刊引证报告可以在期刊层面衡量某项研究的影响力，显示引用和被引期刊之间的相互关系。

表 3-1 统计口径

论文数据来源	Web of Science 核心合集数据库①
专利数据来源	Derwent Innovations Index 数据库②
数据收集时间	2022 年 7 月 21 日
论文文献类型	Proceedings Paper、Article、Review Article、Early Access
引文统计方式	被引频次统计时间截至 2022 年 7 月 21 日,不在此时间范围内的论文及其被引频次均不在引文统计的计算范围内
数据清理规范	机构名称采用机器与人工方式协同进行清理规范,但在科学家发表论文时由于机构名称撰写不规范,可能会造成论文统计的遗漏以及指标计算结果的偏差
中国论文定义	中国(含港澳台地区)
作者统计方式	在进行作者统计时会说明作者统计方式,主要包括第一作者统计和全作者统计

注:笔者整理绘制。

① Web of Science 核心合集数据库,包括 Science Citation Index Expanded、Social Sciences Citation Index、Arts & Humanities Citation Index、Emerging Sources Citation Index、Conference Proceedings Citation Index–Science(CPCI-S)、Conference Proceedings Citation Index –Social Sciences & Humanities(CPCI-SSH)等共计 10 个索引数据库。

② Derwent Innovations Index(DII)由汤森路透知识产权与科技集团出版,包括 Derwent World Patent Index®(DWPI)与 Derwent Patents Citation Index®(DPCI)。

表 3-2　检索策略

索引字段	策　略
主题关键词（TS）	"affective recognition"OR"mood recognition"OR"affective computing"OR"artificial emotional intelligence"OR"emotion AI"OR"expression recognition"OR"emotion recognition "OR"emotion learning"OR"sentiment analysis"OR"sentiment recognize"
学科分类（WC）	Computer Science Artificial Intelligence OR Engineering Electrical Electronic OR Computer Science Theory Methods OR Computer Science Information Systems OR Computer Science Interdisciplinary Applications OR Telecommunications OR Neurosciences OR Computer Science Software Engineering OR Psychiatry OR Computer Science Cybernetics OR Psychology Multidisciplinary OR Automation Control Systems OR Computer Science Hardware Architecture OR Engineering Multidisciplinary OR Robotics OR Engineering Biomedical OR Acoustics

3.1　情感计算领域研究趋势

自 1997 年美国麻省理工学院皮卡德正式提出情感计算概念至今，情感计算已历经 26 年的发展，该领域科研人员产出并积累了大量的科研论文。以 Web of Science 核心合集数据库为数据基础，对该领域的论文进行检索，结果显示，至今全球发文量共计 27 434 篇。其中，会议论文 13 836 篇，会议论文和期刊论文各占总发文量的 50% 左右。

3.1.1 整体趋势

如表 3-3 和图 3-1 所示，1997—2009 年，情感计算领域的全球发文量平稳上升，虽然偶有波动，但是整体呈现增长趋势。2010—2019 年，深度学习的崛起推动了情感计算领域的高速发展，发文量迅速上升，情感计算研究进入爆发式增长阶段。2019 年，发文量达到 3 208 篇。2019 年以后，由于深度学习方法创新进入平台期，情感计算研究也随之进入平台期，研究热度和上升趋势有所放缓。2022 年，因统计时间窗口未覆盖全年，数据不完整，故出现大幅下跌。

表 3-3　情感计算领域整体发文趋势

出版年	发文量 / 篇	占总发文量的百分比 /%
1997	13	0.05
1998	20	0.07
1999	17	0.06
2000	45	0.16
2001	36	0.13
2002	53	0.19
2003	73	0.27
2004	132	0.48
2005	125	0.46
2006	222	0.81
2007	348	1.27
2008	451	1.64
2009	547	1.99

（续表）

出版年	发文量/篇	占总发文量的百分比/%
2010	474	1.73
2011	664	2.42
2012	767	2.80
2013	1 108	4.04
2014	1 381	5.03
2015	1 940	7.07
2016	2 133	7.78
2017	2 401	8.75
2018	3 077	11.22
2019	3 208	11.69
2020	2 955	10.77
2021	3 219	11.73
2022	1 596	5.82

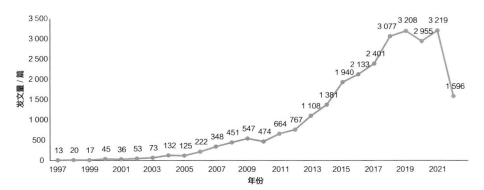

图 3-1　情感计算领域发文趋势

（2022 年不完全统计）

3.1.2　主要研究阵地（国家 / 地区分析）

以论文全部作者和第一作者所属国家 / 地区字段进行计量统计，分析情感计算领域的主要研究阵地。如表 3-4 所示，在情感计算领域全球发文量前 20 名的国家中，中国是全部作者和第一作者发文量最多的国家，占总发文量的 24% 和 23%。中国、美国、印度、英国和德国位居全部作者和第一作者发文量前 5 名，是情感计算领域最重要的研究阵地。其中，美国在全部作者发文量上排名第二，但在第一作者发文量上排名第三，位居印度之后。情感计算领域前 20 名的全作者发文国家的历年发文量见附录 1。

除了 2021—2022 年以 2 年为步长外，以 4 年为步长对情感计算领域发文量前 10 名国家的发文量进行统计，结果如表 3-5 所示。

如图 3-2 所示，在整个发文期内，中美两国的发文量对比有较大改变。1997—2004 年，美国的发文量远超中国，其中 1997—2000 年中国发文总量为美国的 20%，2001—2004 年中国发文总量上升为美国的 31%。从 2005 年开始，中国发文量反超美国，2021—2022 年中国发文量约为美国的 3 倍。由此可见，近年来中国在情感计算领域的研究积累较快，研究数量相比美国有一定的优势。此外，近两年印度的发文量首超美国，可见印度逐渐成为情感计算领域的主要研究阵地。

3.1.3　主要发文期刊

本部分以期刊论文为基础数据进行分析，如表 3-6 所示，13 598 篇期刊论文分布在 1 204 本期刊上，其中发文最多的是 *IEEE ACCESS*，发文量为 650 篇。该刊在 2021 年期刊引证报告电信学（Telecommunications）、电气与电子工程（Engineering, Electrical & Electronic）、信息系统（Computer

表 3-4　情感计算领域全球发文量前 20 名的国家

序号	全部作者发文国家	发文量 / 篇	第一作者发文国家	发文量 / 篇
1	中国	6 905	中国	6 448
2	美国	4 085	印度	2 938
3	印度	3 075	美国	2 864
4	英国	2 136	英国	1 244
5	德国	1 482	德国	1 104
6	日本	1 145	意大利	873
7	意大利	1 111	日本	856
8	澳大利亚	1 062	韩国	799
9	西班牙	996	西班牙	742
10	加拿大	933	澳大利亚	708
11	韩国	925	加拿大	622
12	法国	852	法国	537
13	荷兰	684	土耳其	532
14	土耳其	634	荷兰	423
15	沙特阿拉伯	565	马来西亚	391
16	新加坡	515	巴西	389
17	马来西亚	481	巴基斯坦	368
18	巴基斯坦	460	希腊	365
19	巴西	457	新加坡	323
20	希腊	425	伊朗	319

表 3-5　发文量前 10 名国家的发文量统计

序号	国家	发文量/篇						
		1997—2000年	2001—2004年	2005—2008年	2009—2012年	2013—2016年	2017—2020年	2021—2022年
1	中国	6	29	298	492	1 374	2 983	1 586
2	美国	31	94	248	456	1 049	1 620	544
3	印度	1	1	14	104	727	1 456	666
4	英国	6	56	124	239	517	856	309
5	德国	7	21	110	198	400	538	188
6	日本	28	29	97	130	270	423	160
7	意大利	1	7	37	93	322	445	186
8	澳大利亚	2	10	42	115	249	432	194
9	西班牙	1	9	36	112	235	404	185
10	加拿大	3	13	39	113	256	362	135

注：以 4 年为步长。

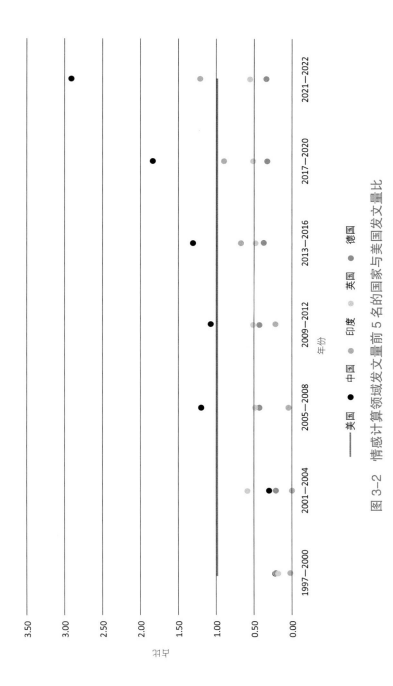

图 3-2　情感计算领域发文量前 5 名的国家与美国发文量比

表 3-6　期刊论文发文量前 20 名的期刊

序号	出版物名称	发文量 / 篇
1	*IEEE Access*	650
2	*Multimedia Tools and Applications*	330
3	*Frontiers in Psychology*	285
4	*IEEE Transactions on Affective Computing*	285
5	*Sensors*	260
6	*Expert Systems with Applications*	231
7	*Neurocomputing*	223
8	*Applied Sciences-Basel*	199
9	*International Journal of Advanced Computer Science and Applications*	198
10	*Psychiatry Research*	185
11	*Knowledge-Based Systems*	174
12	*Schizophrenia Research*	133
13	*Neuropsychologia*	129
14	*Journal of Intelligent & Fuzzy Systems*	117
15	*Neural Computing & Applications*	107
16	*Information Processing & Management*	104
17	*Cognitive Computation*	92
18	*Electronics*	91
19	*IEEE Transactions on Multimedia*	85
20	*Information Sciences*	84

Science, Information Systems）等 3 个领域内的 Q2 期刊，影响因子（Impact Factor, IF）为 3.476。

1 204 本期刊中有 834 本在 2021 年期刊引证报告中具有影响因子。834 本期刊的影响因子分布如表 3–7 所示，其中影响因子大于 10 的期刊共计 26 种，影响因子最高的 5 本期刊分别是《美国精神病学杂志》（*American Journal of Psychiatry*）（19.242）、《IEEE 控制论汇刊》（*IEEE Transactions on Cybernetics*）（19.118）、《信息融合》（*Information Fusion*）（17.564）、《大脑》（*Brain*）（15.255）、《美国计算机协会计算概观》（*ACM Computing Surveys*）（14.324）。如图 3–3 所示，绝大多数地球科学领域期刊的影响因子都分布在 $2 \leqslant IF < 4$ 和 $4 \leqslant IF < 7$ 这两个区间内。

表 3–7　期刊影响因子分布

期刊影响因子	期刊数量 / 种
$IF \geqslant 10$	26
$7 \leqslant IF < 10$	70
$4 \leqslant IF < 7$	209
$2 \leqslant IF < 4$	322
$1 \leqslant IF < 2$	153
$IF \leqslant 1$	54

3.1.4　领域分布

本部分通过对情感计算领域论文的 Web of Science 类别进行统计以分析研究领域分布。Web of Science 在期刊级别分配类别（Categories）中共分

■ IF ≥ 10　■ 7 ≤ IF < 10　■ 4 ≤ IF < 7　■ 2 ≤ IF < 4　■ 1 ≤ IF < 2　■ IF ≤ 1

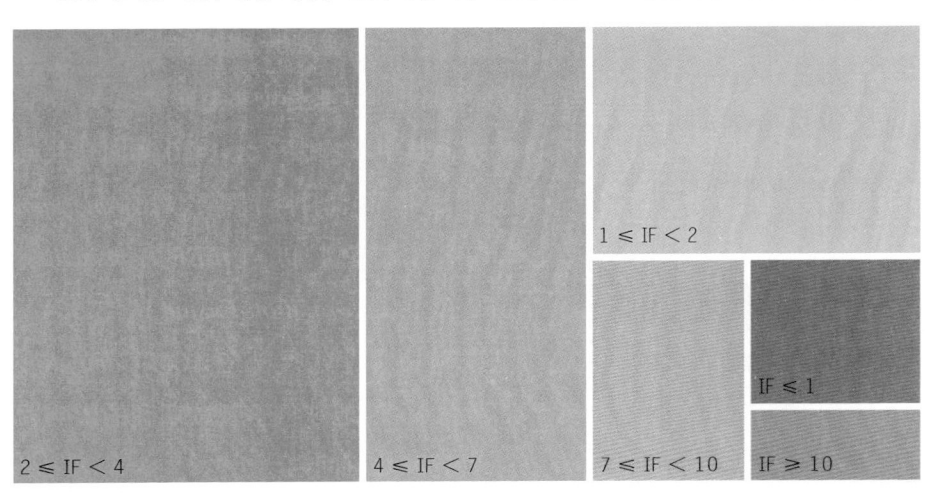

图 3-3　期刊影响因子图示

为 254 个类别 ③，Web of Science 核心合集（Web of Science Core Collection）涵盖的每种期刊都分配有一个或多个 Web of Science 类别。一种期刊最多可以分配 6 个类别。期刊的所有文章都将被分配到发表该期刊的 Web of Science 类别。在为期刊选择 Web of Science 类别时，需要考虑的标准包括期刊的主题和范围、作者与编委会的隶属关系、提供赠款资助的供资机构、引用参考文献等。

　　情感计算领域的所有文章共涉及 158 个 Web of Science 类别，覆盖计算机、通信、工程、心理学、医学等学科，其中发文量最多的前 20 个类别如表 3-8 所示。占比最多的类别为计算机科学与人工智能，发文量

---

③ http://webofscience.help.clarivate.com/en-us/Content/wos-core-collection/wos-core-collection.htm?Highlight=category

表 3-8 发文最多的前 20 个类别

序号	Web of Science 类别		发文量 / 篇	占总发文量的比重 /%
	中文名	英文名		
1	计算机科学与人工智能	Computer Science，Artificial Intelligence	10 470	36.31
2	电气与电子工程	Engineering，Electrical & Electronic	8 514	29.52
3	计算机科学理论与方法	Computer Science，Theory & Methods	7 454	25.85
4	计算机科学与信息系统	Computer Science，Information Systems	7 257	25.16
5	计算机科学与跨学科应用	Computer Science，Interdisciplinary Applications	3 133	10.86
6	电信学	Telecommunications	2 671	9.26
7	计算机科学与软件工程	Computer Science，Software Engineering	2 424	8.41
8	神经科学	Neurosciences	2 288	7.93
9	精神病学	Psychiatry	2 219	7.69
10	计算机科学与控制论	Computer Science，Cybernetics	1 587	5.50
11	成像科学和摄影技术	Imaging Science & Photographic Technology	918	3.18
12	自动化控制系统	Automation & Control Systems	871	3.02
13	计算机科学与硬件架构	Computer Science Hardware & Architecture	871	3.02

（续表）

序号	Web of Science 类别		发文量 / 篇	占总发文量的比重 /%
	中文名	英文名		
14	交叉心理学	Psychology，Multidisciplinary	827	2.87
15	交叉工程学	Engineering，Multidisciplinary	772	2.68
16	机器人学	Robotics	704	2.44
17	临床神经病学	Clinical Neurology	661	2.29
18	心理学	Psychology	623	2.16
19	生物医学工程	Engineering，Biomedical	594	2.06
20	声学	Acoustics	554	1.92

为 10 470 篇，占总发文量的 36.31%，其次为电气与电子工程，发文量为 8 514 篇，占总发文量的 29.52%。

3.2　高水平国际会议

本部分结合了《中国计算机学会推荐国际学术会议和期刊目录》《核心计算机科学会议排名》（*CORE Computer Science Conference Rankings*）及专家意见形成情感计算领域高水平国际会议列表。需要特别指出的是，该部分只根据目前已有的目录和排名进行整理和归纳，并不能作为学术评价的依据。此外，会议的影响力并不直接与发表在会议上的单一论文的影响力正相关。表 3-9 列出了情感计算领域发文量较多且影响力较大的会议。

表 3-9 情感计算领域高水平国际会议

序号	会议名称			CCF RANK	CORE RANK
	中文名	英文名	简称		
1	ACM 多媒体国际会议	ACM International Conference on Multimedia	ACM MM	A	A+
2	AAAI 人工智能会议	AAAI Conference on Artificial Intelligence	AAAI	A	A+
3	国际计算语言学年会	Annual Meeting of the Association for Computational Linguistics	ACL	A	A+
4	IEEE 计算机视觉和模式识别大会	IEEE Conference on Computer Vision and Pattern Recognition	CVPR	A	A
5	IEEE 计算机视觉国际会议	IEEE International Conference on Computer Vision	ICCV	A	A+
6	情感计算和智能交互国际会议	International Conference on Affective Computing and Intelligent Interaction	ACII	—	—
7	IEEE 自动人脸和手势识别国际会议和研讨会	IEEE International Conference and Workshops on Automatic Face and Gesture Recognition	FG	C	B
8	IEEE 国际声音语音和SP 会议	IEEE International Conference on Acoustics, Speech and SP	ICASSP	B	B

注："CCF RANK""CORE RANK" 分列为《中国计算机学会推荐国际学术会议和期刊目录》分类、《核心计算机科学会议排名》等级。

3.2.1 ACM 多媒体国际会议

ACM 多媒体国际会议（ACM International Conference on Multimedia，ACM MM）是在《中国计算机学会推荐国际学术会议和期刊目录》中"计算机图形学与多媒体"的 A 类会议④。ACM MM 从 1993 年创办以来每年举办 1 次，会议通过口头、视频和海报演示、辅导、座谈会、展览、研讨会、博士研讨会、多媒体挑战赛等多种方式塑造研究领域的新想法。ACM MM 会议专注于推进多媒体的研究和应用，包括但不限于图像、文本、音频、语音、音乐、传感器、社交数据。会议涉及的研究主题包括四个大类主题，12 个细分主题（见图 3-4）。

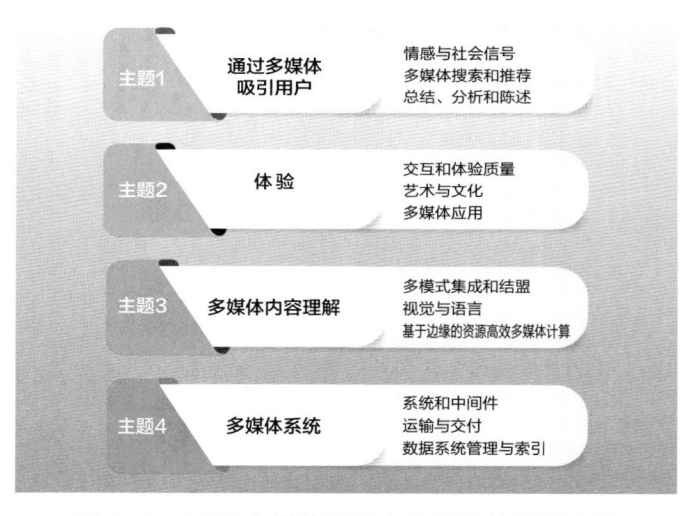

图 3-4　ACM 多媒体国际会议涉及的研究主题

④《中国计算机学会推荐国际学术会议和期刊目录》分为 A、B、C 类。中国计算机学会（CCF）在制定目录时规定，会议论文是指"Full paper"或"Regular paper"，即正式发表的长文，会上以其他形式发表的论文，如 Short paper、Demo paper、Technical Brief、Summary 以及作为伴随会议的研讨会（Workshop）等，不计入目录。

其中，"情感与社会信号"领域的研究内容包括通过分析用户情感，从而开发更具有吸引力的多媒体交互。

3.2.2　AAAI 人工智能会议

AAAI 人工智能会议（AAAI Conference on Artificial Intelligence）是由国际人工智能协会（Association for the Advancement of Artificial Intelligence）主办的人工智能领域顶级会议之一，也是《中国计算机学会推荐国际学术会议和期刊目录》人工智能领域的 A 类会议和《核心计算机科学会议排名》的 A+ 会议。2018—2022 年，AAAI 人工智能会议在情感计算领域发文共计 95 篇。

AAAI 人工智能会议也设置了情感计算领域的研讨会（Workshop），如 2018 年的"情感内容分析（Affective Content Analysis）"研讨会。该研讨会重点对文本和语言进行情感计算，构建情感计算过程中的标准化的基线、数据集和评估指标。

3.2.3　国际计算语言学年会

国际计算语言学年会（Annual Meeting of the Association for Computational Linguistics）是自然语言处理领域最高级别的会议，由国际计算语言学协会（The Association for Computational Linguistics）举办。国际计算语言学协会是主要的国际科学和专业协会，致力于研究涉及人的语言计算问题。该协会成立于 1962 年，最初名为机器翻译和计算语言学协会（Association for Machine Translation and Computational Linguistics，AMTCL），1968 年改名为"国际计算语言学协会"。国际计算语言学协会的活动，除了每年夏天举行国际计算语言学年会之外，还赞助美国麻省理工学院出版社出版《计算语言学》（*Computational Linguistics*）期刊，该刊是该领域的主要出版物。国际计算语言学年会为《中国计算机学会推荐国际学术会议和期刊目录》人工智能领域的 A 类会议和《核心计算机科学会议排名》的 A+ 会议。该会议的研究主题为各种语言的计算模型，为特定的语言学或心理语言学现象提供计算解释。

3.2.4　IEEE 计算机视觉和模式识别会议

IEEE 计算机视觉和模式识别会议（IEEE Conference on Computer Vision and Pattern Recognition，IEEE CVPR）是首屈一指的计算机视觉领域年度会议，由 IEEE 计算机学会（IEEE Computer Society）和计算机视觉基金会（Computer Vision Foundation）共同赞助。使用者可以通过计算机视觉基金会开放获取会议论文。IEEE CVPR 是《中国计算机学会推荐国际学术会议和期刊目录》人工智能领域的 A 类会议和《核心计算机科学会议排名》的 A 类会议。

3.3　高水平期刊

目前，高水平期刊没有明确的定义。本部分以中国科学院文献情报中心期刊分区表与期刊引证报告分区表相结合的方式标定高水平期刊，这两种分区表都是基于期刊影响因子进行分区计算的。特别需要指明的是，期刊影响因子是反应期刊影响力的常用指标，但并不代表期刊或者期刊文章的质量，只能在一定程度上反应期刊的影响力。

（1）期刊影响因子

期刊影响因子是美国科技信息研究所所长尤金·加菲尔德（Eugene

Garfield）在 1972 年提出的一个评价期刊的重要指标。该指标是一个相对数量指标，主要用以调整和修正期刊总被引频次过大的问题。

期刊影响因子是指某刊在某年被全部源刊物引证该刊前 2 年发表论文的次数，与该刊前 2 年所发表的全部源论文数之比，即

$$期刊影响因子 = \frac{某刊前 2 年发表论文在该年的被引用次数}{该刊前 2 年发表论文总数}$$

（2）期刊引证报告

期刊引证报告包括 SCI 收录的 12 000 余种期刊之间的引用和被引用的数据，并对这些数据进行了统计、运算，针对每种期刊定义了期刊影响因子等指数。截至报告撰写日，《期刊引证报告 2021》是最新公布的期刊引文报告。期刊引证报告将期刊划分为 21 个大类（Groups）、254 个小类（Categories），一种期刊可以归属多个小类。

（3）中国科学院期刊引证报告期刊分区

中国科学院期刊引证报告期刊分区是中国科学院文献情报中心的研究成果，中国科学院期刊引证报告期刊分区表基础版对科睿唯安每年发布的期刊引证报告的 SCI 期刊在学科内依据 3 年平均影响因子划分分区。为了使历年的期刊分区相对稳定，减少影响因子上下波动带来的影响，中国科学院分区表采用 3 年平均 IF。计算公式如下：

$$3 年平均 IF = （当年 IF + 去年 IF + 前年 IF）/3$$

中国科学院期刊引证报告期刊分区包括大、小类两种学科分类体系：小类学科体系是基于科睿唯安发布的期刊引证报告的学科；大类学科体系是由地学、地学天文、环境科学、农林科学、工程技术、物理、化学、生

物、数学、医学、社会科学、管理科学、综合性期刊等共 13 个大类学科
所构成的分类体系。

在情感计算领域期刊论文涉及的 1 204 本期刊中，有 247 本期刊为期
刊引证报告 Q1 分区期刊（见附录 2）。以发文数量、计算机相关大领域
为遴选标准进行遴选，标定情感计算领域高水平学术期刊（前 10 名），
如表 3-10 所示。

3.3.1 《IEEE 情感计算汇刊》

《IEEE 情感计算汇刊》（*IEEE Transactions on Affective Computing*）[⑤]
是 IEEE 旗下一本跨学科期刊，旨在传播关于可以识别、解释和模拟人的
情感与相关情感现象的系统设计的研究结果。

该刊涵盖但不限于以下主题：传感与分析，从面部和身体手势识别
情感状态的算法和特征；分析文本和口语以进行情感识别；分析情感言语
的韵律和语音质量；从功能性磁共振成像（FMRI）、EEG 等中枢与皮肤电
（GSR）等外周生理测量中识别情感状态；情感状态的多模态识别方法；识
别群体情感；心理问题的数据收集方法（如情绪诱导和引发）或技术方法
（如动作捕捉）；用于提供情感语料库的注释工具和方法等。

该刊在中国科学院分区表中属于工程技术大类，在小类计算机（人工
智能、计算机）、控制论分区为 Q2 区，在 JCR 中小类计算机（人工智能、
计算机）、控制论分区为 Q1 区。2021 年，该刊的影响因子为 13.990，无自
引期刊影响因子为 13.634，为非开源（OA）期刊。该刊为季刊，2021 年
发文量为 84 篇。

---

⑤ IEEE. https://ieeexplore.ieee.org/xpl/aboutJournal.jsp?punumber=5165369

表 3-10　情感计算领域高水平期刊

序号	期刊名称	Web of Science 类别	IF
1	*IEEE Transactions on Affective Computing*	Computer Science, Cybernetics/Computer Science, Artificial Intelligence	13.990
2	*Expert Systems with Applications*	Computer Science, Artificial Intelligence/Engineering, Electrical & Electronic/Operations Research & Management Science	8.665
3	*Knowledge-Based Systems*	Computer Science, Artificial Intelligence	8.139
4	*Information Processing & Management*	Computer Science, Information Systems/Information Science & Library Science	7.466
5	*IEEE Transactions on Multimedia*	Computer Science, Software Engineering/Computer Science, Information Systems/Telecommunications	8.182
6	*Information Sciences*	Computer Science, Information Systems	8.233
7	*Pattern Recognition*	Computer Science, Artificial Intelligence/Engineering, Electrical & Electronic	8.518
8	*Applied Soft Computing*	Computer Science, Interdisciplinary Applications/Computer Science, Artificial Intelligence	8.263
9	*Decision Support Systems*	Operations Research & Management Science/Computer Science, Information Systems/Computer Science, Artificial Intelligence	6.969
10	*Future Generation Computer Systems-The International Journal of Escience*	Computer Science, Theory & Methods	7.307

3.3.2 《专家系统与应用》

《专家系统与应用》（*Expert Systems with Applications*）主要发表关于专家和智能系统的设计、开发、测试、实施、管理的论文。该刊在中国科学院分区表中属于工程技术大类，在小类计算机（人工智能、电子与电气工程、运筹学与管理科学）分区为 Q2 区，在 JCR 中属于小类计算机（人工智能、电子与电气工程、运筹学与管理科学）分区为 Q1 区。2021 年，该刊的影响因子为 8.665，无自引期刊影响因子为 7.494，为开源期刊。该刊为周刊，2021 年发文量为 1 863 篇。

3.3.3 《知识系统》

《知识系统》（*Knowledge-Based Systems*）是荷兰出版的人工智能领域的国际性跨学科英文期刊，专注于基于知识和其他人工智能技术系统的研究。该刊目前的主要主题包括但不限于认知互动和脑机接口、智能决策支持系统、预测系统和预警系统、数据科学理论、方法和技术等。该刊在中国科学院分区表中属于工程技术大类，在小类计算机（人工智能）分区为 Q2 区，在 JCR 中属于小类计算机（人工智能）分区为 Q1 区。2021 年，该刊的影响因子为 8.139，无自引期刊影响因子为 7.194，为非开源期刊。该刊每年出版 8 期，2021 年发文量为 951 篇。

3.3.4 《信息处理与管理》

《信息处理与管理》（*Information Processing & Management*）是英国出版的英文期刊，专注于计算和信息科学的前沿原创研究。该刊在中国科学院分区表中属于工程技术大类，在小类计算机（信息系统）分区为 Q2 区，在 JCR 中属于小类计算机（信息系统、信息科学与图书馆科学）分区为 Q1 区。2021 年期刊影响因子为 7.466，无自引期刊影响因子为 5.910，为非开源期刊。该刊为双月刊，2021 年发文量为 340 篇。

3.4 重要研究成果

本部分根据数据来源，将重要研究成果分为三个部分：ESI 高被引与热点论文、领域重要会议获奖论文、领域重要期刊获奖论文。

3.4.1 ESI 高被引论文和热点论文

ESI 是一种分析工具，旨在识别 Web of Science 核心合集中表现最好的研究。ESI 对来自世界各地的 11 000 多种期刊进行分析，根据出版和引用表现对 22 个广泛领域[⑥]的国家、机构、期刊、论文、作者进行排名。ESI 数据来源于 Web of Science 核心合集中的科学引文索引扩展（SCIE）和社会科学引文索引（SSCI）。引文计数来自包括 Science Citation Index Expanded、Social Science Citation Index 和 Arts & Humanities Citation Index 在内的索引期刊的引文。ESI 数据每 2 个月更新 1 次，1 年更新 6 次。本部分采用的 ESI 数据发布日期为 2022 年 7 月 14 日，为 2022 年第 2 个双月刊。论文覆盖范围为 10 年 4 个月，即 2012 年 1 月 1 日至 2022 年 4 月 30 日。是否纳入 ESI 取决于是否满足某些引用阈值。只有被引用次数最多的国家、机构、论文、期刊、作者才会被纳入 ESI。表 3–11 显示了高被引论文

[⑥] ESI 按照 22 个学科对期刊进行排名并确定表现最好的论文，每种期刊只被分配到一个领域。在期刊跨学科的情况下，根据对引用参考文献的分析，在论文层面进行重新分类。

表 3–11　ESI 高被引论文和热点论文的阈值

实体	百分位数 /%	数据年
高被引论文	1	10
热点论文	0.1	2

（Highly Cited Papers）和热点论文（Hot Papers）的阈值。高被引论文是指与同一领域同年发表的所有其他论文相比，被引用次数达到前 1% 的论文；热点论文是指 2 年内发表的与同一领域同年发表的所有其他论文相比，被引用次数达到前 0.1% 的论文，热门论文在发表后迅速获得引用。

　　情感计算领域的 ESI 高被引论文和热点论文如表 3–12 所示，本期 ESI 共有 153 篇高被引论文，其中 5 篇为热点论文。

表 3–12　情感计算领域高被引论文和热点论文（被引频次排序前 50 名）

序号	作　者	标　题	被引次数	出版年
1	Ganin, Y; Ustinova, E; Ajakan, H; Germain, P; Larochelle, H; Laviolette, F; Marchand, M; Lempitsky, V	Domain–Adversarial Training of Neural Networks	1 752	2016
2	Koelstra, S; Muhl, C; Soleymani, M; Lee, JS; Yazdani, A; Ebrahimi, T; Pun, T; Nijholt, A; Patras, I	DEAP:A Database for Emotion Analysis Using Physiological Signals	1 580	2012
3	Mohammad, SM; Turney, PD	Crowdsourcing A Word–Emotion Association Lexicon	737	2013

（续表）

序号	作 者	标 题	被引次数	出版年
4	Frick, PJ; Ray, JV; Thornton, LC; Kahn, RE	Can Callous–Unemotional Traits Enhance the Understanding, Diagnosis, and Treatment of Serious Conduct Problems in Children and Adolescents?A Comprehensive Review	640	2014
5	Baltrusaitis, T; Ahuja, C; Morency, LP	Multimodal Machine Learning: A Survey and Taxonomy	605	2019
6	Soleymani, M; Lichtenauer, J; Pun, T; Pantic, M	A Multimodal Database for Affect Recognition and Implicit Tagging	596	2012
7	Zheng, WL; Lu, BL	Investigating Critical Frequency Bands and Channels for EEG–Based Emotion Recognition with Deep Neural Networks	573	2015
8	Feldman, R	Techniques and Applications for Sentiment Analysis	572	2013
9	Ravi, K; Ravi, V	A Survey on Opinion Mining and Sentiment Analysis: Tasks, Approaches and Applications	571	2015
10	Cambria, E; Schuller, B; Xia, YQ; Havasi, C	New Avenues in Opinion Mining and Sentiment Analysis	551	2013
11	Thelwall, M; Buckley, K; Paltoglou, G	Sentiment Strength Detection for the Social Web	540	2012
12	Gravina, R; Alinia, P; Ghasemzadeh, H; Fortino, G	Multi–Sensor Fusion in Body Sensor Networks: State–of–the–art and research challenges	467	2017

（续表）

序号	作　者	标　题	被引次数	出版年
13	Poria, S; Cambria, E; Bajpai, R; Hussain, A	A Review of Affective Computing: From Unimodal Analysis to Multimodal Fusion	458	2017
14	Eyben, F; Scherer, KR; Schuller, BW; Sundberg, J; Andre, E; Busso, C; Devillers, LY; Epps, J; Laukka, P; Narayanan, SS; Truong, KP	The Geneva Minimalistic Acoustic Parameter Set (GeMAPS) for Voice Research and Affective Computing	448	2016
15	Poria, S; Cambria, E; Gelbukh, A	Aspect Extraction for Opinion Mining with A Deep Convolutional Neural Network	444	2016
16	Zhang, L; Wang, S; Liu, B	Deep Learning for Sentiment Analysis: A Survey	439	2018
17	Jenke, R; Peer, A; Buss, M	Feature Extraction and Selection for Emotion Recognition from EEG	397	2014
18	Kiritchenko, S; Zhu, XD; Mohammad, SM	Sentiment Analysis of Short Informal Text	381	2014
19	Lopes, AT; deAguiar, E; DeSouza, AF; Oliveira–Santos, T	Facial Expression Recognition with Convolutional Neural Networks: Coping with Few Data and the Training Sample Order	362	2017
20	Barrett, LF; Adolphs, R; Marsella, S; Martinez, AM; Pollak, SD	Emotional Expressions Reconsidered: Challenges to Inferring Emotion from Human Facial Movements	360	2019

（续表）

序号	作　者	标　题	被引次数	出版年
21	Sariyanidi, E; Gunes, H; Cavallaro, A	Automatic Analysis of Facial Affect: A Survey of Registration, Representation, and Recognition	356	2015
22	Rivera, AR; Castillo, JR; Chae, O	Local Directional Number Pattern for Face Analysis: Face and Expression Recognition	340	2013
23	Moraes, R; Valiati, JF; Neto, WPG	Document−Level Sentiment Classification: An Empirical Comparison Between SVM and ANN	328	2013
24	Chen, T; Xu, RF; He, YL; Wang, X	Improving Sentiment Analysis Via Sentence Type Classification Using Bilstm−CRF and CNN	314	2017
25	Mollahosseini, A; Hasani, B; Mahoor, MH	Affectnet: A Database for Facial Expression, Valence, and Arousal Computing in the Wild	313	2019
26	Dawel, A; O'Kearney, R; McKone, E; Palermo, R	Not Just Fear and Sadness: Meta−Analytic Evidence of Pervasive Emotion Recognition Deficits for Facial and Vocal Expressions in Psychopathy	308	2012
27	Craik, A; He, YT; Contreras−Vidal, JL	Deep Learning for Electroencephalogram (EEG) Classification Tasks: A Review	306	2019
28	Soleymani, M; Pantic, M; Pun, T	Multimodal Emotion Recognition in Response to Videos	302	2012

（续表）

序号	作　者	标　题	被引次数	出版年
29	Bird, G; Cook, R	Mixed Emotions: The Contribution of Alexithymia to the Emotional Symptoms of Autism	299	2013
30	Mostafa, MM	More Than Words: Social Networks' Text Mining for Consumer Brand Sentiments	297	2013
31	Hiser, J; Koenigs, M	The Multifaceted Role of the Ventromedial Prefrontal Cortex in Emotion, Decision Making, Social Cognition, and Psychopathology	295	2018
32	Kleinsmith, A; Bianchi-Berthouze, N	Affective Body Expression Perception and Recognition: A Survey	287	2013
33	Baek, H; Ahn, J; Choi, Y	Helpfulness of Online Consumer Reviews: Readers' Objectives and Review Cues	287	2012
34	Zeng, NY; Zhang, H; Song, BY; Liu, WB; Li, YR; Dobaie, AM	Facial Expression Recognition Via Learning Deep Sparse Autoencoders	286	2018
35	Schouten, K; Frasincar, F	Survey on Aspect-Level Sentiment Analysis	277	2016
36	Bakermans-Kranenburg, MJ; van IJzendoorn, MH	Sniffing Around Oxytocin: Review and Meta-Analyses of Trials in Healthy and Clinical Groups with Implications for Pharmacotherapy	277	2013

（续表）

序号	作　　者	标　　题	被引次数	出版年
37	Cummins, N; Scherer, S; Krajewski, J; Schnieder, S; Epps, J; Quatieri, TF	A Review of Depression and Suicide Risk Assessment Using Speech Analysis	271	2015
38	Happy, SL; Routray, A	Automatic Facial Expression Recognition Using Features of Salient Facial Patches	267	2015
39	Nassirtoussi, AK; Aghabozorgi, S; Teh, YW; Ngo, DCL	Text Mining for Market Prediction: A Systematic Review	264	2014
40	Lu, JW; Zhou, XZ; Tan, YP; Shang, YY; Zhou, J	Neighborhood Repulsed Metric Learning for Kinship Verification	261	2014
41	Corneanu, CA; Simon, MO; Cohn, JF; Guerrero, SE	Survey on RGB, 3D, Thermal, and Multimodal Approaches for Facial Expression Recognition: History, Trends, and Affect‒Related Applications	260	2016
42	Nassif, AB; Shahin, I; Attili, I; Azzeh, M; Shaalan, K	Speech Recognition Using Deep Neural Networks: A Systematic Review	259	2019
43	Pinkham, AE; Penn, DL; Green, MF; Buck, B; Healey, K; Harvey, PD	The Social Cognition Psychometric Evaluation Study: Results of the Expert Survey and RAND Panel	259	2014
44	Kupferberg, A; Bicks, L; Hasler, G	Social Functioning in Major Depressive Disorder	258	2016
45	Zhao, JF; Mao, X; Chen, LJ	Speech Emotion Recognition Using Deep 1D & 2D CNN LSTM Networks	255	2019

（续表）

序号	作 者	标 题	被引次数	出版年
46	Hassan, MM; Uddin, MZ; Mohamed, A; Almogren, A	A Robust Human Activity Recognition System Using Smartphone Sensors and Deep Learning	251	2018
47	Jelodar, H; Wang, YL; Yuan, C; Feng, X; Jiang, XH; Li, YC; Zhao, L	Latent Dirichlet Allocation (LDA) and Topic Modeling: Models, Applications, A Survey	248	2019
48	Guha, T; Ward, RK	Learning Sparse Representations for Human Action Recognition	247	2012
49	Vellante, M; Baron-Cohen, S; Melis, M; Marrone, M; Petretto, DR; Masala, C; Preti, A	The Reading the Mind in the Eyes Test: Systematic Review of Psychometric Properties and A Validation Study in Italy	244	2013
50	Yu, Y; Duan, WJ; Cao, Q	The Impact of Social and Conventional Media on Firm Equity Value: A Sentiment Analysis Approach	239	2013

热点论文 1 基于动态图卷积神经网络的脑电情感识别（EEG Emotion Recognition Using Dynamical Graph Convolutional Neural Networks）

作者：东南大学教育部儿童发展与学习科学教育部重点实验室 Tengfei Song、Wenming Zheng 等。

摘要：科研人员提出了一种基于新型动态图卷积神经网络（DGCNN）的多通道脑电情感识别方法。所提出的脑电情感识别方法的基本思想是使用图对多通道脑电特征进行建模，然后在此模型基础上进行脑电情感分类。

与传统的图卷积神经网络（GCNN）方法不同，提出的 DGCNN 方法可以通过训练神经网络来动态学习不同 EEG 通道之间的内在关系，从而有利于更具判别性的 EEG 特征提取。然后，利用学习到的邻接矩阵学习更具判别性的特征，以改进 EEG 情感识别。

热点论文2 GCB-Net：图卷积广义网络及其在情感识别中的应用（GCB-Net：Graph Convolutional Broad Network and Its Application in Emotion Recognition）

作者：华南理工大学计算机科学与工程学院 Tong Zhang、Xuehan Wang 等。

摘要：科研人员设计了一种图卷积宽带网络（GCB-Net），用于探索图结构数据的深层次信息。GCB-Net 使用图卷积层来提取图结构输入的特征，并堆叠多个规则卷积层来提取相对抽象的特征。最后的串联使用了广义的概念，它保留了所有层次的输出，允许模型在广泛的空间中搜索特征。为了提高所提出的 GCB-Net 网络的性能，应用了广义学习系统（BLS）来增强其特性。

热点论文3 基于生物信号的心理应激检测研究进展综述（Review on Psychological Stress Detection Using Biosignals）

作者：希腊研究与技术基金会 Hellas（FORTH）Giorgos Giannakakis 等。

摘要：本文综述了通过生理信号测量的心理应激对人体的影响，还探讨了多模态生理信号分析和建模方法，以获得准确的应力相关性。本文旨在全面综述应激条件下产生的生理信号模式，并为更有效地应激检测提供可靠的实用指南。

热点论文4 ABCDM：一种基于注意力的双向 CNN-RNN 深度情感分析模型（ABCDM：An Attention-based Bidirectional CNN-RNN Deep Model for

Sentiment Analysis）

作者：新加坡南洋理工大学 Mohammad Ehsan Basiri 等。

摘要：本文提出了一种基于注意力机制的双向 CNN–RNN 深度模型
（ABCDM）。通过利用两个独立的双向 LSTM 和 GRU 层，ABCDM 将通过考
虑两个方向上的时间信息流来提取过去和未来的上下文。此外，注意力机
制被应用于 ABCDM 双向层的输出上，或多或少地强调不同的单词。为了
降低特征的维度并提取位置不变的局部特征，ABCDM 利用卷积和池化机
制。情感极性检测是情感分析中最常见和最基本的任务，对 ABCDM 的有
效性进行了评估。在 5 个评论和 3 个推特（Twitter）数据集上进行了实验。
将 ABCDM 与最近提出的用于情感分析的 6 种 DNN 进行比较，结果表明，
ABCDM 在长评论和短推文极性分类方面都达到了最先进的结果。

热点论文 5 基于深度学习的文本分类：综述（Deep Learning–Based
Text Classification：A Comprehensive Review）

作者：美国 Snapchat 公司 Shervin Minaee 等。

摘要：本文全面回顾了近年来开发的 150 多个基于深度学习的文本分
类模型，并讨论了它们的技术贡献、相似性和优势。本文还总结了 40 多
个广泛用于文本分类的流行数据集。最后，科研人员定量分析了不同深度
学习模型在流行基准上的性能，并讨论了未来的研究方向。

此外，被引频次大于 1 000 的非热点论文如下：

论文 1 DEAP：使用生理信号进行情绪分析的数据库（DEAP：A
Database for Emotion Analysis Using Physiological Signals）

作者：英国伦敦玛丽女王大学 Sander Koelstra 等。

摘要：本文提出了一个用于分析人类情感状态的多模态数据集。实验
记录了 32 名参与者的 EEG 和外周生理信号，每个参与者观看 40 段一分钟

长的音乐视频片段。参与者根据唤醒度、价值、喜欢 / 不喜欢、支配度和熟悉度对每个视频进行了评分。32 名参与者中的 22 名，还被记录了正面视频。本文介绍了使用 EEG、外周生理信号和多媒体内容分析模式对唤醒、价值和喜欢 / 不喜欢等级进行单次试验分类的方法和结果。最后，对不同模态的分类结果进行决策融合。

论文 2 情感识别方法综述：听觉、视觉和自发表达（A Survey of Affect Recognition Methods：Audio，Visual，and Spontaneous Expressions）

作者：美国伊利诺伊大学 Zhihong Zeng 等。

摘要：对人类情感行为的自动分析已经引起了心理学、计算机科学、语言学、神经科学和相关学科研究人员越来越多的关注。尽管刻意行为在视觉外观、音频轮廓和时间上与自发行为不同，但是现有的方法通常只处理故意显示和夸张的原型情绪表达。为了解决这个问题，最近出现了开发能够处理自然发生的人类情感行为算法的尝试。此外，据报道越来越多的人致力于人类情感分析的多模式融合，包括视听融合、语言和副语言融合以及基于面部表情、头部运动和身体姿势的多用户视觉融合。本文介绍并总结了这些最新进展。首先，从心理学的角度讨论人类的情感感知。其次，本文研究解决机器理解人类情感行为问题的可用方法。最后，讨论重要问题，如训练和测试数据的收集和可用性等，最后概述了推进人类情感感知技术的一些科学和工程挑战。

论文 3 基于词典的情感分析方法（Lexicon-Based Methods for Sentiment Analysis）

作者：加拿大西蒙・弗雷泽大学 Maite Taboada 等。

摘要：本文提出了一种基于词典的文本情感提取方法。语义方向计算器（SO-CAL）使用带有语义方向（极性和强度）注释的单词字典，并包含强化和否定。SO-CAL 应用于极性分类任务，即为文本指定正或负标签的过程，该过程捕捉文本对其主要主题的看法。研究表明，SO-CAL 的性能在跨域和完全不可见的数据上是一致的。此外，本文还描述了字典创建的过程，以及使用 Mechanical Turk 检查字典的一致性和可靠性。

论文4 基于局部二值模式的人脸表情识别：一项综合研究（Facial Expression Recognition Based on Local Binary Patterns：A Comprehensive Study）

作者：荷兰飞利浦公司 Caifeng Shan 等。

摘要：自动面部表情分析是一个有趣且具有挑战性的主题，它影响着人机交互和数据驱动动画等许多领域的重要应用。从原始人脸图像中提取有效的面部特征是成功进行人脸表情识别的关键步骤。在本文中，研究人员基于统计局部特征的局部二值模式（Local Binary Patterns，LBP），对独立于人的面部表情识别进行了实证评估。不同的机器学习方法在多个数据库上进行系统检查。大量实验表明，LBP 特征对人脸表情的识别是有效的。研究人员进一步构造了增强版 LBP 来提取最具鉴别性的 LBP 特征，并通过使用具有增强版 LBP 特征的支持向量机分类器来获得最佳识别性能。此外，作者研究了用于低分辨率面部表情识别的 LBP 特征，这是一个关键问题，但在现有工作中很少涉及。在实验中，作者观察到 LBP 特征可以在人脸图像的低分辨率可用范围内稳定地运行，并在真实环境中捕获的压缩低分辨率视频序列中产生有希望的性能。

论文5 人机交互中的情感识别（Emotion Recognition in Human-Computer Interaction）

作者：英国贝尔法斯特女王大学 Roddy Cowie 等。

摘要：人在交往中，有两种信息传递渠道：一种是明确信息，另一种是隐含信息。当前的语言研究及工程技术研究主要对第一种信息进行理解，

第二种信息并未被很好地理解。了解对方的情感是与第二种隐含信息相关的关键任务之一。为实现情感计算，必须开发信息处理和分析技术以巩固对情感的心理和语言分析。本研究的目标是开发一个能够利用面部和声音信息识别人类情感的混合系统。

论文6 情绪识别的普遍性和文化特异性：一种 Meta 分析方法（On the Universality and Cultural Specificity of Emotion Recognition：A Meta-Analysis）

作者：美国哈佛大学 Hillary Anger Elfenbein 等。

摘要：利用 Meta 分析方法检查了文化内部和跨文化的情感识别。相比于随机水平，情感得到更为普遍的认同。当情感被同一民族、种族或地区群体的成员表达和识别时，准确性更高，这表现出群体优势。从生活在同一国家、物理距离和电话交流等方面来衡量，对彼此接触较多的文化群体而言，这一优势较小。多数群体成员在评价少数群体成员方面不如群体之间的反向评价。在均衡研究设计中，跨文化的准确性较低，而在使用模仿而非摆拍或自发情感表达的研究中，跨文化的准确性较高。研究设计的属性似乎不会调节群体优势的大小。

3.4.2　重要会议获奖论文

本部分对情感计算领域重要会议的获奖论文进行分析，以了解近年来通过会议形式发布的重要研究成果。

（1）ACM 多媒体国际会议获奖论文（Best Demo 论文）

时间：2016 年。

标题：SentiCart：多语言视觉情感的制图和地理环境化（SentiCart：

Cartography and Geo–contextualization for Multilingual Visual Sentiment）。

作者：美国哥伦比亚大学 Brendan Jou 等。

摘要：研究人员开发了 SentiCart 可视化系统来绘制世界各地的多语言视觉情感。研究人员通过研究在不同的语言环境中视觉情感感受的差异以及语言多样性来研究文化多样性对视觉情感的影响。

（2）国际计算语言学年会获奖论文（最佳论文奖）[7]

时间：2011 年。

标题：具有结构特征的细粒度情绪分析（Fine–Grained Sentiment Analysis with Structural Features）。

作者：德国曼海姆大学 Cäcilia Zirn 等。

摘要：在句子级、子句级上运行的情感分析系统很难开发，因为较短的文本片段很少携带足够的信息来确定情感。因此，在本文中，研究人员提出了一个全自动框架，用于结合多个感知词典和邻域以及话语关系，进行子句级细粒度的情感分析，以克服上述问题。研究人员使用马尔可夫模型将来自不同情感词汇图标的极性分数与有关相邻细分市场之间的关系信息进行整合，并评估产品评论的方法。实验表明，使用结构特征可以提高极性预测的准确性，实现高达 69% 的准确率。

3.4.3　重要期刊获奖论文

2021 年，《IEEE 情感计算汇刊》编委会从 2017 年 5 月至 2019 年 12 月期间发表在该刊上的 122 篇论文中评选出 7 篇最佳论文。具体如下：

---

[7] https://www.aclweb.org/aclwiki/Best_paper_awards

论文 1 基于动态图卷积神经网络的脑电情绪识别（EEG Emotion Recognition Using Dynamical Graph Convolutional Neural Networks）

作者：东南大学 Tengfei Song、Wenming Zheng 等。

摘要：本文率先将图方法引入脑电电极间功能连接关系的表征上，提出了一种动态图卷积神经网络模型的脑电情感识别方法，并提出了通过网络动态学习来自适应获取脑电电极间邻接关系（图邻接矩阵）的思想和方法，突破了在脑功能连接关系不确定的情况下构建图邻接矩阵的技术瓶颈。

论文 2 用于预测未来情绪、压力和健康的个性化多任务学习（Personalized Multitask Learning for Predicting Tomorrow's Mood，Stress，and Health）

作者：美国麻省理工学院媒体实验室 Sara Taylor 等。

摘要：本研究采用多任务学习（MTL）技术来训练个性化的机器学习模型，这些模型根据每个人的需求进行定制。研究比较了 MTL 的三种公式：① MTL 深度神经网络，它共享多个隐藏层，但每个任务都有唯一的最终层；②多任务多核学习，通过对特征类型的内核权重来跨任务提供信息；③分层贝叶斯模型，其中任务共享一个共同的狄利克雷过程先验。实证结果表明，与传统的机器学习方法相比，使用 MTL 来考虑个体差异可以显著改进性能，并提供了个性化的、可操作的见解。

论文 3 发现脑电在情绪识别中随时间变化的稳定模式（Identifying Stable Patterns over Time for Emotion Recognition from EEG）

作者：上海交通大学 Bao-Liang Lu 等。

摘要：该论文利用机器学习方法研究了在情感脑机接口中情绪脑电模式随时间变化的稳定特性。对于基于脑电信号的情绪识别任务，是否存在稳定的脑电模式是一个研究空白。为了解答此问题，该研究首先设计了跨时间的多次情绪诱发实验，之后在两个公开的脑电情感数据集 DEAP 和 SEED 上，系统地评估了不同的脑电特征提取、特征平滑以及模式分类方法。最后，情绪识别的实验结果表明，脑电的稳定模式在不同实验中具有一致性。在 beta 和 gamma 频段，两侧颞叶区对积极情绪的激活高于消极情绪。中性情绪的神经模式在顶叶和枕叶有更高的 alpha 反应。对于负面情绪，神经模式在顶叶和枕叶部位有明显更高的 delta 反应，在前额叶部位有更高的 gamma 反应。脑电神经模式在不同时间的实验中相对稳定。这一结论为使用脑电信号构建情感脑机接口提供了数据有效性的理论保证。

论文 4 基于脑电信号的情感识别研究综述（Emotions Recognition Using EEG Signals：A Survey）

作者：葡萄牙里斯本大学 Soraia M. Alarcão 等。

摘要：本文介绍了 2009—2016 年进行的神经生理学研究的调查，全面概述了使用脑电图（EEG）信息进行情感识别的工作，并将分析重点放在识别过程中涉及的主要方面（如研究对象、提取的特征、分类器），同时比较每个方面的产出。本文提出了一系列较好的实践建议，研究人员必须遵循这些建议才能获得可重复、可复制、经过充分验证和高质量的结果。

论文 5 面部动作的自动分析：一项综述研究（Automatic Analysis of Facial Actions：A Survey）

作者：英国诺丁汉大学 Brais Martinez 等。

摘要：近年来，面部动作编码系统（FACS）作为描述面部表情最全面和最客观的方法之一，受到了广泛关注。在过去的 30 年里，心理学家和神经科学家广泛研究了利用 FACS 分析面部表情的各个方面。FACS 编码的自动化将加快和拓宽这项研究的应用速度和范围，也为理解人类如何通过面部表情进行交流开辟了新的途径。这样的自动化有助于提高编码的可靠性、精确性和时间分辨率。本文全面阐述了面部动作的机器分析研究，也系统地回顾了此类系统的面部动作的预处理、特征提取和机器编码等组成部分。此外，研究人员还对现有 FACS 编码的面部表情数据库进行了总结。本文最后讨论了自动化面部动作分析，应用于现实生活所面临的挑战。研究人员撰写这篇调查论文有两个意图：一是对现有文献进行最新的回顾；二是对未来面部动作识别领域的研究人员所面临的机遇和挑战提供一些见解。

论文6 通过从现有播客录音中检索情感语音来构建自然主义的情感平衡语音语料库（Building Naturalistic Emotionally Balanced Speech Corpus by Retrieving Emotional Speech from Existing Podcast Recordings）

作者：美国得克萨斯大学达拉斯分校 Reza Lotfian 等。

摘要：缺乏大型且自然的情感数据库是将在受控条件下的语音情感识别结果应用于现实生活的关键障碍之一。收集情感数据库要耗费大量的经济成本和时间成本，这限制了现有语料库的大小。目前，给定的记录协议（如口语对话为积极、讨论或辩论为消极）决定了用于收集自发数据库的方法往往提供不平衡的情感内容。本文提出了一种新的方法可以有效地构建一个大型且自然的情感数据库。该数据库具有平衡的情感内容，还能降低成本并减少体力劳动。该方法依赖于从音频共享网站获得现有自然产生的录音。该方法结合了机器学习算法与使用众包，且具有成本效益的标注过程，来检索和传递平衡情感内容的录音，从而构建大规模的语音情感数据库。该方法提供了来自多个演讲者使用不同的信道条件，来传递平衡情感内容的自然情感表达，而这些情感内容是其他数据收集协议难以获得的。

论文7 AMIGOS：个人和群体情感、人格和情绪研究数据集（AMIGOS：

A Dataset for Affect，Personality and Mood Research on Individuals and Groups）

作者：英国伦敦玛丽女王大学 Juan Abdon Miranda-Correa 等。

摘要：研究人员构建了一个关于个体和群体情感、人格特质和心境的多模态研究数据集 AMIGOS。他们在个体观众和群体观众的两种社交情境下使用短视频和长视频诱发情感。这也是 AMIGOS 与其他数据集的不同之处。该数据集允许通过个体的神经生理信号对情感反应进行多模态研究，这些信号与人格和情感以及社会环境和视频持续时间有关。研究人员在两个环境中进行了实验。在第一个实验中，40 名参与者观看了 16 个情感短视频。在第二个实验中，参与者观看了 4 个长视频，其中一些是单独观看的，另一些是分组观看的。实验利用可穿戴式传感器记录了参与者的脑电、心电和皮肤电信号，还记录了参与者的头部高清视频以及 RGB 和深度全身视频。实验对参与者的情感作了标注，既包括参与者在视频中感受到的情感水平（如效价、唤醒度、支配度、熟悉度、喜欢度等）的自我评估，也包括效价和唤醒度水平的外部评估。研究人员详细分析了对效价和唤醒度、人格特质、情感和社会情境的单次实验分类的不同维度，以及基线方法和结果。

3.5 代表性专利和标准

3.5.1 代表性专利

本部分使用的 Derwent Innovations Index 是目前世界上最全面的增值专利信息数据库，它涵盖来自全球近 60 个专利颁发机构的 1 430 多万项基础发明，可追溯至 1963 年，覆盖了全球 96% 的专利数据，为研究人员提供世界范围内化学、电子与电气、工程技术领域综合、全面的发明信息，是检索全球专利最权威的数据库之一，被全球 40 多个国家专利局审查员使用和信赖。本部分以主题（专利名称和摘要）为索引字段进行检索，对发明专利中有转让记录或许可记录，同时具有较高专利价值的有效发明专利进行遴选，形成情感计算领域代表性专利。

专利转让是指专利权人作为转让方，将其发明专利的所有权或持有权移转给受让方，受让方根据订立的合同支付约定价款，通过专利权转让合同取得专利权的当事人，即成为新的合法专利权人。我们对情感计算领域的专利进行筛选，遴选了 incopat 专利价值度为 10 的转让专利，如表 3–13 所示。

表 3–13　情感计算领域重要转让专利

序号	公开号	专利名称	申请人	受让人	法律事件
1	CN110675859B	结合语音与文本的多情感识别方法、系统、介质及设备	华南理工大学	广东履安实业有限公司	转让
2	US10902058B2	Cognitive content display device	IBM	Kyndryl Inc	转让
3	CN108806667B	基于神经网络的语音与情感的同步识别方法	重庆大学	重庆七腾科技有限公司	转让
4	CN105469065B	一种基于递归神经网络的离散情感识别方法	中国科学院自动化研究所	北京中科欧科科技有限公司	转让
5	CN104200804B	一种面向人机交互的多类信息耦合的情感识别方法	合肥工业大学	山东心法科技有限公司	转让

（续表）

序号	公开号	专利名称	申请人	受让人	法律事件
6	US9436674B2	Signal processing approach to sentiment analysis for entities in documents	Attivio 公司	Servicenow 公司	转让
7	CN103377293B	多源输入、信息智能优化处理的全息触摸交互展示系统	河海大学常州校区	江苏明伟万盛科技有限公司	转让
8	CN104995650A	用于使用源于社交媒体的数据和情感分析来生成复合索引的方法及系统	汤姆森路透社全球资源公司	金融及风险组织有限公司	转让
9	CN103049435B	文本细粒度情感分析方法及装置	浙江工商大学	杭州脑壳顶科技有限公司	转让
10	CN101872424B	基于 Gabor 变换最优通道模糊融合的人脸表情识别方法	重庆大学	北京妙微科技有限公司	转让

专利许可是指专利权人将其所拥有的专利技术许可他人实施的行为。在专利许可中，专利权人称为许可方，允许实施的人称为被许可方，许可方与被许可方要签订专利实施许可合同。中国在情感计算领域的重要许可专利信息如表 3-14 所示。

此外，中国新型研发机构也授权了一批高水平的情感计算相关专利，如表 3-15 所示。

表 3-14　情感计算领域中国的重要许可专利

序号	公开号	专利名称	申请人	被许可人	法律事件
1	CN111506700B	基于上下文感知嵌入的细粒度情感分析方法	杭州电子科技大学	杭州远传新业科技有限公司	许可
2	CN110110840B	一种基于忆阻神经网络的联想记忆情感识别电路	中国地质大学（武汉）	武汉海博雾联科技有限公司，武汉启奕信息技术服务有限公司	许可
3	CN107045618B	一种人脸表情识别方法及装置	北京陌上花科技有限公司	苹果研发（北京）有限公司	许可
4	CN107609132B	一种基于语义本体库的中文文本情感分析方法	杭州电子科技大学	杭州远传新业科技有限公司	许可
5	CN106570474B	一种基于3D卷积神经网络的微表情识别方法	南京邮电大学	南京因果人工智能研究院有限公司	许可

表 3-15 中国新型研发机构授权的高水平情感计算相关专利

序号	公开号	专利名称	申请人	专利状态
1	CN113837153A	一种融合瞳孔数据和面部表情的实时情感识别方法及系统	之江实验室	授权
2	CN114049678A	一种基于深度学习的面部动作捕捉方法及系统	之江实验室	授权
3	CN113611286A	一种基于共性特征提取的跨语种语音情感识别方法和系统	之江实验室	授权
4	CN113576482A	一种基于复合表情加工的注意偏向训练评估系统和方法	之江实验室	授权
5	CN113378806A	一种融合情感编码的音频驱动人脸动画生成方法及系统	之江实验室	授权
6	CN113257225A	一种融合词汇及音素发音特征的情感语音合成方法及系统	之江实验室	授权
7	CN112712824A	一种融合人群信息的语音情感识别方法和系统	之江实验室	授权
8	CN112545519A	一种群体情感同质性的实时评估方法和评估系统	之江实验室	授权
9	CN113191212A	一种驾驶员路怒风险预警方法及系统	合肥综合性国家科学中心人工智能研究院（安徽省人工智能实验室）	授权

3.5.2　代表性标准

（1）国际标准

国际标准是指国际标准化组织（ISO）[8]、国际电工委员会（IEC）和国际电信联盟（ITU）制定的标准，以及国际标准化组织确认并公布的其他国际组织制定的标准[9]。国际标准在世界范围内统一使用。

《信息技术-情感计算用户界面（AUI）》［Information technology-Affective computing user interface（AUI）］标准号为 ISO/IEC 30150—1：2022，其中第一部分模型（Part 1：Model）于 2022 年 6 月发布，第二部分情感特征（Part 2：Affective characteristics）正在建设中。

（2）国内标准

《人工智能-情感计算用户界面-模型》标准号为 GB/T 40691—2021，

---

[8] https://www.iso.org/standards-catalogue/browse-by-ics.html

[9] 目前，被国标组织确认并公布的其他国际组织包括国际计量局（BIPM）、国际人造纤维标准化局（BISFA）、食品法典委员会（CAC）、时空系统咨询委员会（CCSDS）、国际建筑研究实验与文献委员会（CIB）、国际照明委员会（CIE）、国际内燃机会议（CIMAC）、国际牙科联盟会（FDI）、国际信息与文献联合会（FID）、国际原子能机构（IAEA）、国际航空运输协会（IATA）、国际民航组织（ICAO）、国际谷类加工食品科学技术协会（ICC）、国际排灌研究委员会（ICID）、国际辐射防护委员会（ICRP）、国际辐射单位和测试委员会（ICRU）、国际制酪业联合会（IDF）、万围网工程特别工作组（IETF）、国际图书馆协会与学会联合会（IFLA）、国际有机农业运动联合会（IFOAM）、国际煤气工业联合会（IGU）、国际制冷学会（IIR）、国际劳工组织（ILO）、国际海底组织（IMO）、国际种子检验协会（ISTA）、国际理论与应用化学联合会（IUPAC）、国际毛纺组织（IWTO）、国际动物流行病学局（OIE）、国际法制计量组织（OIML）、国际葡萄与葡萄酒局（OIV）、材料与结构研究实验所国际联合会（RILEM）、贸易信息交流促进委员会（TarFIX）、国际铁路联盟（UIC）、经营交易和运输程序和实施促进中心（UN/CEFACT）、联合国教科文组织（UNESCO）、国际海关组织（WCO）、国际卫生组织（WHO）、世界知识产权组织（WIPO）、世界气象组织（WMO）等。

由中国科学院软件研究所、中国科学院自动化研究所、中国科学院心理研究所、科大讯飞股份有限公司等共同起草，于 2021 年 10 月 11 日发布，2022 年 5 月 1 日生效。该标准给出了基于情感计算用户界面的通用模型和交互模型，描述了情感表示、情感数据采集、情感识别、情感决策、情感表达等模块，适用于情感计算用户界面的设计、开发和应用。

（3）团体标准

《智能化心理服务规范》标准号为 T/ZAITS 20401—2022，由浙江省智能技术标准创新促进会组织，浙江连信科技有限公司、之江实验室、浙江省方大标准信息有限公司、浙江大学心理与行为科学系、浙江工业大学、杭州师范大学护理科学系、苏州企发管理咨询有限公司、北京询保科技有限公司、神木新正和心理健康服务有限公司共同起草，于 2022 年 1 月 28 日发布和实施。该标准规定了智能化心理服务的术语和定义、服务系统组成和服务模式、服务系统能力要求、服务内容、服务流程、心理服务档案建立及信息安全要求。该标准主要适用于利用数字化智能技术为婴幼儿以外的所有人群提供智能心理服务，为协助医疗机构和精神专科医生提供的辅助性心理服务亦可参照执行。

第四章　科研情况

4.1　学者分布及代表性科学家

4.1.1　全球学者地图

（1）全球学者分布

本部分以情感计算领域文章第一作者所属国家进行统计分析，从而对情感计算领域全球学者分布形成宏观认识。

对学者所属地区进行分析统计后发现，亚洲地区是情感计算领域学者分布最为集中的地区。如表4-1、图4-1所示，中国情感计算领域学者数量最多（3 474人），美国次之（2 083人），印度位居第三（2 001人）。

（2）h指数分布

以文献集中的所有作者进行统计，其中引用次数多于0次的共计47 998名作者的h指数进行统计，结果如表4-2所示。其中h指数最高为53，大于50的1人，h指数在1~10数据段内分布人数最多，为47 881人。

表 4-1　情感计算领域第一作者国家分布（前 20 名）

序号	国家	学者数	序号	国家	学者数
1	中国	3 474	11	澳大利亚	455
2	美国	2 083	12	法国	382
3	印度	2 001	13	土耳其	369
4	英国	864	14	荷兰	300
5	德国	713	15	马来西亚	265
6	意大利	592	16	巴西	321
7	日本	551	17	巴基斯坦	268
8	西班牙	467	18	希腊	213
9	加拿大	463	19	新加坡	180
10	韩国	456	20	伊朗	216

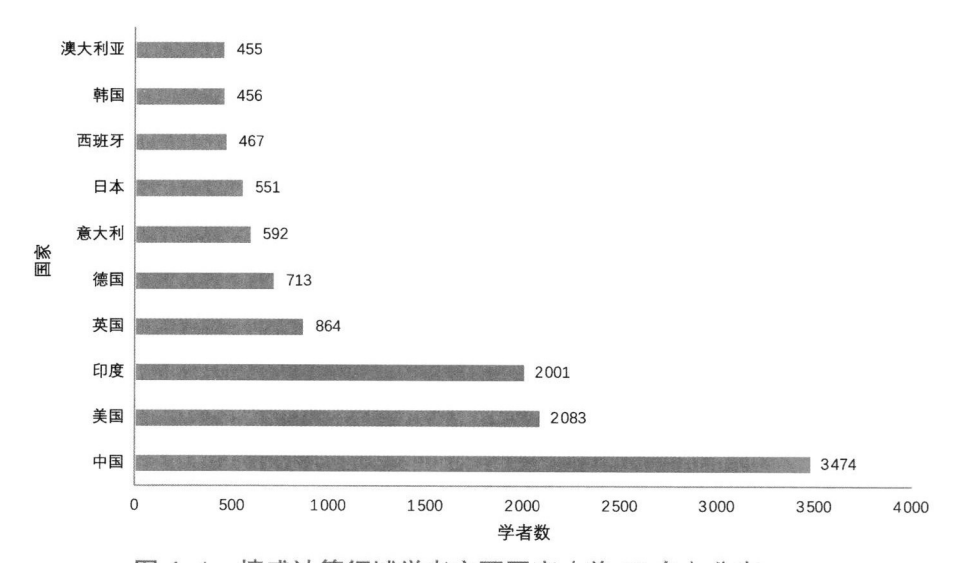

图 4-1　情感计算领域学者主要国家（前 10 名）分布

表 4-2　h 指数作者分布

h 指数	作者数
1 ~ 10	47 881
11 ~ 20	104
21 ~ 30	9
31 ~ 50	3
> 50	1

（3）中外合作

情感计算领域存在广泛的国际合作，发文量前 10 名的国家合作情况如图 4-2 所示。其中，中美合作发文量最多，达 540 篇，其次为中英合作，为 256 篇。附录 3 为发文量前 20 名的国家合作详情。

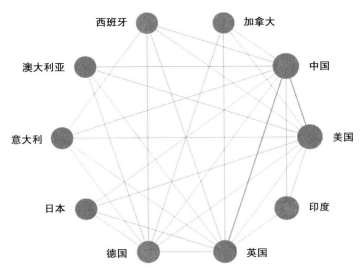

图 4-2　情感计算领域发文量前 10 名的国家合作情况

中国与其他国家存在广泛的合作，中国发文的 6 905 篇中有 1 707 篇为国际合作发文，占总发文量的 24.72%。主要合作国家如表 4-3 所示，其中中美合作的论文数最多，为 540 篇，占总合作论文数的 31.64%，涉及 2 168 名学者，中英合作次之。中新合作和中芬合作的论文虽然数量不突出，但是平均引用数相对较高，这说明合作研究质量相对较高。

表 4-3　情感计算领域中国主要合作发文国家

序号	合作国家	论文数	引用数	平均引用数	学者数
1	中国–美国	540	11 568	21	2 168
2	中国–英国	256	4 430	17	1 057
3	中国–日本	212	1 992	9	505
4	中国–澳大利亚	169	1 628	10	749
5	中国–新加坡	123	3 774	31	488
6	中国–加拿大	106	1 931	18	411
7	中国–芬兰	66	1 982	30	152
8	中国–德国	58	1 273	22	314
9	中国–印度	54	644	12	203
10	中国–法国	44	595	14	205

4.1.2　中国学者分布

对情感计算领域发文第一作者进行统计，对作者地址字段进行数据清洗得出，国内学者分布重要地区如表 4-4、图 4-3 所示。其中，北京以 1 053 名学者位居榜首，广东有 513 名学者位居第二，江苏、台湾和上海分别位居第三、第四和第五。

表 4-4 情感计算领域中国学者分布前 20 名的地区

序号	地区	学者数	序号	地区	学者数
1	北京	1 053	11	四川	194
2	广东	513	12	山东	183
3	江苏	442	13	天津	161
4	台湾	430	14	辽宁	160
5	上海	373	15	重庆	155
6	浙江	298	16	湖南	149
7	湖北	272	17	福建	121
8	香港	247	18	黑龙江	117
9	陕西	242	19	河南	94
10	安徽	201	20	河北	68

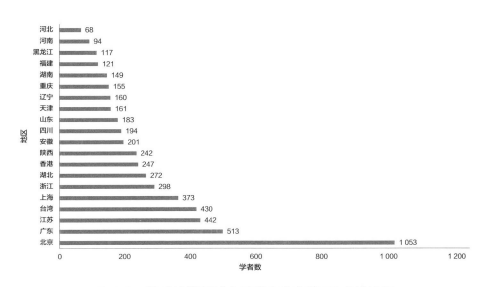

图 4-3 情感计算领域中国学者分布前 20 名的地区

4.1.3　全球典型学者

本部分结合论文数量、研究贡献、同行评议等多个维度标定情感计算领域典型学者，如表 4–5 所示。特别需要说明的是，因人才标定的指标多变性以及统计数据的来源差异，本部分内容仅作参考，不作为评价依据。

表 4–5　情感计算领域典型学者

序号	学者	任职机构
1	任福继	日本德岛大学
2	罗莎琳德·皮卡德（Rosalind Picard）	美国麻省理工学院
3	埃里克·坎布里亚（Erik Cambria）	新加坡南洋理工大学
4	比约恩·舒勒（Bjoern Schuller）	英国帝国理工学院
5	郑文明	东南大学
6	马娅·潘蒂奇（Maja Pantic）	英国帝国理工学院
7	赵国英	芬兰奥卢大学
8	吕宝粮	上海交通大学
9	卡洛斯·布索（Carlos Busso）	美国得克萨斯大学达拉斯分校
10	什里坎特·纳拉亚南（Shrikanth Narayanan）	美国南加利福尼亚大学

4.1.4　高被引学者

基于爱思唯尔（Elsevier）发布的 2021 年"中国高被引学者"（Highly Cited Chinese Researchers）榜单数据，在 4 701 名中国学者中找到的情感计算领域学者如表 4–6 所示。

表 4-6　情感计算领域"中国高被引学者"

姓名	机构
吕宝粮	上海交通大学
张宏江	源码资本
周爱民	华东师范大学
秦兵	哈尔滨工业大学
李学龙	西北工业大学
刘滨	北京理工大学
姜育刚	复旦大学
黄德双	同济大学
董超	中国科学院
陈敏	华中科技大学

4.2　高水平学会

4.2.1　情感计算促进协会

　　情感计算促进协会（Association for the Advancement of Affective Computing，AAAC）[⑩] 是情感计算、情感与人机交互领域的专业性、全球性协会，负责管理情感计算和智能交互国际会议（International Conference on Affective Computing and Intelligent Interaction，ACII）的投标和组织。

---

⑩ https://aaac.world/

4.2.2 中国人工智能学会情感智能专业委员会

中国人工智能学会情感智能专业委员会[⑪]（以下简称"专委会"）成立于 2007 年，是国内在电子信息科学领域首个情感计算方面的学术组织。专委会的研究领域包括情感建模、情感认知、多模态情感交互、情感与心理信号测量、人工心理等。专委会承办了首届"亚洲情感计算与智能交互学术会议"，出版了国内第一套《人工心理与数字人技术丛书》。专委会旨在团结和组织中国人工心理与情感计算相关领域的专业人士，开展学术交流活动，加强人才培养，促进学术界与工业界的合作，承担知识普及、建言献策等社会服务工作，为提升中国在人工心理与情感计算领域的科研、教学、应用水平及国际影响力作出贡献。

4.3 高水平学术机构

4.3.1 重要研究机构

本部分通过全作者统计，以发文量进行排序从而标定重要机构，全球前 10 名的发文机构如表 4-5 所示。涉及的主要指标包括引文影响力（Citation Impact）和学科规范化的引文影响力（Category Normalized Citation Impact，CNCI）。

（1）引文影响力

一组文献的引文影响力的计算是通过使用该组文献的引文总数除以文献

---

⑪ http://caai.cn/index.php?s=/home/article/detail/id/1046.html

数量得到的。引文影响力展现了该组文献中某一篇文献获得的平均引用次数。

（2）学科规范化的引文影响力

一篇文献的 CNCI 是通过其实际被引次数除以同文献类型、同出版年、同学科领域文献的期望被引次数获得的。当一篇文献被划归至多个学科领域时，则使用实际被引次数与期望被引次数比值的平均值。一组文献的 CNCI，如某个人、某个机构或国家，是该组中每篇文献 CNCI 的平均值。CNCI 是一个非常有价值且无偏的影响力指标，它排除了出版年、学科领域与文献类型的影响。如果 CNCI 的值等于 1，说明该组论文的被引表现与全球平均水平相当，大于 1 说明被引表现高于全球平均水平，小于 1 则低于全球平均水平。CNCI 的值等于 2 说明该组论文的平均被引表现为全球平均水平的 2 倍。

如表 4-7 所示，中国有 2 家机构进入前 10 名，中国科学院以 581 篇位居榜首，清华大学排名第九。美国有 1 家机构即加利福尼亚大学系统进入前 10 名，以 335 篇位居第五。英国、法国、印度分别有 2 家机构进入前 10 名，新加坡有 1 家机构。

4.3.2 典型研究机构

（1）美国麻省理工学院媒体实验室

美国麻省理工学院媒体实验室的情感计算研究小组（Affective Computing Group）[12] 旨在创造并评估将情感人工智能和其他情感技术结合起来的新方法。"情感计算"定义的提出者皮卡德是该小组的创始人和主任。

---

[12] https://www.media.mit.edu/groups/affective-computing/overview/

表 4-7 情感计算领域发文量前 10 名的机构

序号	机构名称		论文数量	引文影响力	论文被引百分比/%	学科规范化的引文影响力	高被引论文	h指数	Q1期刊中论文的百分比/%	国家
	中文名	英文名								
1	中国科学院	Chinese Academy of Sciences	581	17.09	77.28	2.44	4	49	58	中国
2	英国伦敦大学	University of London	373	51.39	89.54	2.37	8	73	69.93	英国
3	法国国家科学研究中心	Centre National de la Recherche Scientifique (CNRS)	346	17.36	80.35	1.36	2	39	52.06	法国
4	UDICE法国研究型大学联盟	UDICE-French Research Universities	341	16.85	80.35	1.38	1	38	51.03	法国
5	加利福尼亚大学系统	University of California System	335	38.05	84.18	2.80	4	59	59.6	美国
6	印度理工学院系统	Indian Institute of Technology System (IIT System)	295	10.68	74.92	1.80	5	28	42.11	印度
7	印度国家技术学院系统	National Institute of Technology System (NIT System)	288	7.71	70.14	1.33	3	24	27.66	印度
8	新加坡南洋理工大学	Nanyang Technological University	287	36.30	83.97	5.18	14	60	66.4	新加坡
9	清华大学	Tsinghua University	264	20.74	82.95	2.94	2	38	63.27	中国
10	英国帝国理工学院	Imperial College London	263	37.96	87.83	3.64	3	43	67.39	英国

（2）新加坡南洋理工大学计算智能实验室

南洋理工大学计算智能实验室[⑬]（Computational Intelligence Lab，CIL）是南洋理工大学工程学院的一部分，主要进行知识密集型人工智能研究，情感计算是该实验室的重点研究方向之一。南洋理工大学计算机科学与工程学院副教授、情感分析服务公司 SenticNet 创始人埃里克·坎布里亚（Erik Cambria）在该实验室任职。

（3）清华大学人机交互与媒体集成研究所

清华大学人机交互与媒体集成研究所[⑭]在媒体信息智能处理、人机交互、普适计算等方面开展高水平研究，建有多个学术基地，如普适计算教育部重点实验室、清华大学–腾讯互联网创新技术联合实验室、网络多媒体北京市重点实验室、清华大学计算机系–华为终端智能交互技术创新联合实验室、清华大学（计算机系）–深兰科技机器视觉联合研究中心等。近年来，该研究所主持多项本学科领域重要项目，如"十三五"重点研发计划、"973"计划、国家自然科学基金委员会（NSFC）重点项目等，在顶级期刊和会议上发表了大量的学术论文，多篇文章获得最佳论文奖，获得国家级科技奖励 10 项，在科技成果转化方面影响重大。该所有两个主要研究方向：一是和谐人机交互，如情感计算、语音交互、大幅面交互、脑机接口、交互效率与优化、新型终端自然交互接口等；二是普适计算环境，如普适计算模式、主动服务、嵌入式系统、情境感知、智能空间及物联网等。

---

⑬ https://www.ntu.edu.sg/cil/about-us

⑭ https://www.cs.tsinghua.edu.cn/jgsz/yjsgjzdsys/jsjkxyksxrjjhymtjcyjs.htm

（4）模式识别国家重点实验室

中国科学院自动化研究所的模式识别国家重点实验室（National Laboratory of Pattern Recognition）以模式识别基础理论、图像处理与计算机视觉及语音语言信息处理为主要研究方向，研究人类模式识别的机理及其有效的计算方法，为开发智能系统提供关键技术，为探求人类智力的本质提供科学依据。其中：在图像处理与计算机视觉方向主要研究视觉模式的分析与理解，研究内容包括三维视觉和场景分析、物体检测与识别、视频分析与语义理解、医学影像分析、生物特征图像识别、遥感图像分析、文档图像分析、多媒体计算等；在语音与语言信息处理方向主要研究听觉模式的分析与理解，研究内容包括语音识别、话语理解、口语翻译、情感交互、中文语言处理与信息检索等。目前，该实验室承担400余项科研项目，包括国家重点研发计划项目，科技创新2030—"新一代人工智能"重大项目，国家自然科学基金重大、重点和面上项目，杰出青年科学基金项目和创新群体项目，国际合作项目，企业合作项目，等等。研究队伍汇集了谭铁牛院士、陶建华研究员等知名学者。

（5）东南大学情感信息处理实验室

东南大学情感信息处理实验室（Affective Information Processing Lab，AIPL）隶属于东南大学生物科学与医学工程学院和儿童发展与学习科学教育部重点实验室（东南大学），主要致力于情感计算、模式识别、计算机视觉和机器学习及其在儿童智能发展、教育和医疗等方面的应用研究。该实验室由郑文明教授创建于2004年，深耕情感计算领域，主持了包括"973"计划、国家自然科学基金重点项目等在内的多项国家和省部级课题，已在包括 IEEE Transactions 系列期刊与 IEEE ICCV、IEEE CVPR、欧洲计算机视觉国际会议（European Conference on Computer Vision，ECCV）、神经信息处理系统大会（Conference and Workshop on Neural Information Processing Systems，NIPS）、国际人工智能联合会议（International Joint Conference on Artificial Intelligence，IJCAI）和 AAAI 人工智能会议等计算机领域顶级会议上发表论文百余篇，研究成果获国家技术发明奖二等奖。

（6）合肥工业大学情感计算与系统结构研究所

合肥工业大学情感计算与系统结构研究所于 2011 年成立，主要从事高等智能、情感计算、大规模知识获取的基础理论研究工作，并把具有情感的先进智能机器人（如护理机器人）作为核心应用点。该所参与并主持了国家自然科学基金项目、安徽省自然科学基金项目、国家"973"预研项目等。

4.3.3 新兴研究机构

之江实验室跨媒体智能研究中心是一家新兴研究机构，隶属于之江实验室。

之江实验室成立于 2017 年 9 月 6 日，主攻智能感知、人工智能、智能网络、智能计算和智能系统等五大科研方向。2019—2022 年，之江实验室跨媒体智能研究中心在情感计算领域发文量达 27 篇，是情感计算领域的新兴创新研究机构，研究跨媒体统一表征与关联理解、视觉知识表达与视觉智能、跨媒体知识演化、跨媒体智能分析等基础理论和关键技术，研发跨媒体内容生成、多模态感知、多模态情感计算、情感智能人机对话系统等旗舰平台。

之江实验室跨媒体智能研究中心副主任李太豪研究员主要从事情感计

算及跨媒体智能研究，师从日本工程院院士、欧盟科学院院士、中国人工智能学会副理事长、日本德岛大学情感计算与先进智能实验室主任任福继教授，曾在哈佛大学 Verne Caviness 实验室从事人工智能和脑科学交叉学科博士后研究，已入选浙江省省级引才计划创新长期项目。

4.4 生态系统分析

4.4.1 学者合作网络

利用 Derwent Data Analyzer 工具对情感计算领域的文献作者进行合作分析，通过设置作者发文量大于等于 30 篇、合作发文量大于等于 3 篇这两个条件，学者合作网络可以识别出同一团队或不同团队的合作情况，结果如图 4-4 所示。

其中：英国帝国理工学院比约恩·舒勒（Bjoern Schuller）、德国慕尼黑工业大学张子兴（Zixing Zhang）、法国格勒诺布尔-阿尔卑斯大学法比安·兰热瓦尔（Fabien Ringeval）团队与德国慕尼黑工业大学弗洛里安·埃本（Florian Eyben）合作较多；中国科学技术大学先进技术研究院王上飞教授与美国伦斯勒理工学院纪强（Qiang Ji）在基于面部表情的情感计算领域进行合作；日本德岛大学任福继教授与中国合肥工业大学孙晓教授在文本情感计算和语音情感计算方面合作较多。

4.4.2 引用网络分析

本部分对情感计算领域 27 877 篇文献的作者进行直接引用（Citation）分析，为突显重点作者，在分析过程中遴选了发文量不少于 30 篇的 40 位作者进行分析，分析结果如图 4-5 所示。其中，颜色相同的簇内的作者在研究内容上具有较强的相关性和继承性。

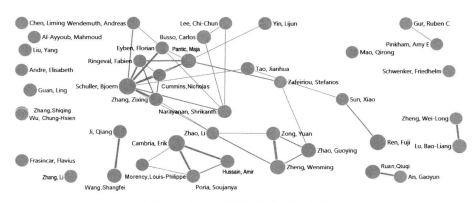

图 4-4　情感计算领域学者合作网络

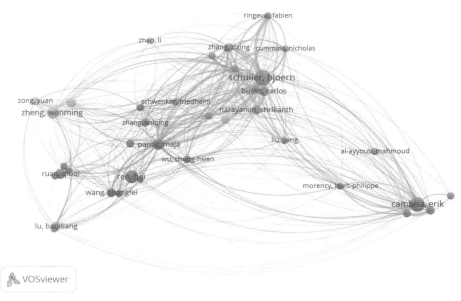

图 4-5　学者引用网络

4.4.3 关键词共现分析

词频是指在所分析的文档中词语出现的次数。在科学计量研究中，可以按照学科领域建立词频词典，从而对科学家的创造活动进行定量分析。词频分析法就是在文献信息中提取能够表达文献核心内容的关键词或主题词，通过关键词或主题词的频次高低分布来研究该领域发展动向和研究热点的方法。关键词共现分析（共词分析）的基本原理是对一组词两两统计它们在同一组文献中出现的次数，通过这种共现次数来测度关键词之间的亲疏关系。

（1）词频分析

对作者关键词字段进行词频分析，如表4-8所示，其中技术主题词与排名最前的技术主题词是共现关系。

表 4-8　情感计算领域作者关键词前 20 名词频分析

序号	记录数量	技术主题词	排名最前的技术主题词[共现次数]	时间区间 /年	近三年记录比率 /%
1	6 305	Sentiment Analysis	Opinion Mining [866]；Machine Learning [757]；Twitter [656]	2006—2023	19
2	3 711	Emotion Recognition	Affective Computing [328]；Feature Extraction [283]；EEG [272]	1997—2022	21
3	2 121	Affective Computing	Emotion Recognition [328]；Machine Learning [153]；Emotion [122]	2000—2023	13

（续表）

序号	记录数量	技术主题词	排名最前的技术主题词[共现次数]	时间区间/年	近三年记录比率/%
4	1 598	Machine Learning	Sentiment Analysis [757]; Natural Language Processing [214]; Emotion Recognition [175]	2002—2023	26
5	1 554	Facial Expression Recognition	Feature Extraction [129]; Deep Learning [120]; Face Recognition [89]	1997—2023	14
6	1 508	Deep Learning	Sentiment Analysis [485]; Emotion Recognition [243]; Machine Learning [172]	2012—2022	36
7	1 117	Opinion Mining	Sentiment Analysis [866]; Natural Language Processing [143]; Machine Learning [135]	2006—2022	10
8	1 020	Natural Language Processing	Sentiment Analysis [648]; Machine Learning [214]; Opinion Mining [143]; Deep Learning [143]	2006—2023	29
9	970	Emotion	Affective Computing [122]; Facial Expression [76]; Emotion Recognition [66]	1999—2022	12
10	918	Feature Extraction	Emotion Recognition [283]; Sentiment Analysis [169]; Facial Expression Recognition [129]	2003—2022	34
11	852	Twitter	Sentiment Analysis [656]; Machine Learning [129]; Social Media [116]	2011—2022	17

（续表）

序号	记录数量	技术主题词	排名最前的技术主题词[共现次数]	时间区间/年	近三年记录比率/%
12	697	Social Media	Sentiment Analysis [490]; Twitter [116]; Machine Learning [83]	2009—2022	20
13	682	Speech Emotion Recognition	Deep Learning [58]; Feature Extraction [53]; Emotion Recognition [37]	2006—2023	27
14	658	Social Cognition	Schizophrenia [184]; Theory of Mind [161]; Emotion Recognition [157]	2002—2022	15
15	571	Text Mining	Sentiment Analysis [431]; Opinion Mining [83]; Machine Learning [74]	2006—2022	15
16	556	Facial Expression	Emotion Recognition [155]; Emotion [76]; Affective Computing [42]	1998—2022	14
17	533	Classification	Sentiment Analysis [184]; Machine Learning [86]; Emotion Recognition [70]	2003—2022	19
18	515	Schizophrenia	Social Cognition [184]; Emotion Recognition [83]; Theory of Mind [65]	1998—2022	9
19	504	EEG	Emotion Recognition [272]; Affective Computing [71]; Emotion [43]	2004—2022	22
20	459	Convolutional Neural Network	Deep Learning [114]; Facial Expression Recognition [83]; Sentiment Analysis [77]	2003—2022	27

（2）关键词共现分析

本部分基于关键词共现的方法将所有文献作为一个数据集，采用
Thomson Data Analyzer 软件将论文的作者关键词字段经过机器与人工清洗
之后，利用 VOSviewer 软件对论文核心主题词代表此主题中出现的高频主
题词数据进行聚类，根据论文数据集大小设置一定共现频次和共现强度，
对关键词进行聚类。结合专家判读，分别对每个聚类进行命名和解读，对
期刊发文主题进行识别和分析。

对 27 877 篇文献以作者关键词字段进行分析，经过机器与人工清洗后，
从 36 436 个关键词中选取出现频次大于 20 次的 613 个关键词作为分析对
象，进行聚类计算。通过对这些论文共现强度最大的核心主题词进行聚类，
得到 5 个簇，如表 4–9 和图 4–6 所示。

表 4–9　情感计算领域五个研究主题详情

序号	研究主题	核心主题词数量	平均被引频次	平均关联强度
1	利用 NLP 技术进行情感计算和意见挖掘	153	10.41	197.80
2	面部表情和微表情识别分析	134	15.89	178.77
3	人机交互过程中的情感计算研究	121	18.69	110.38
4	情感计算在情感障碍分析中的应用研究	30	33.5	165.59
5	基于深度学习的多模态情感分析	81	9.8	260.95

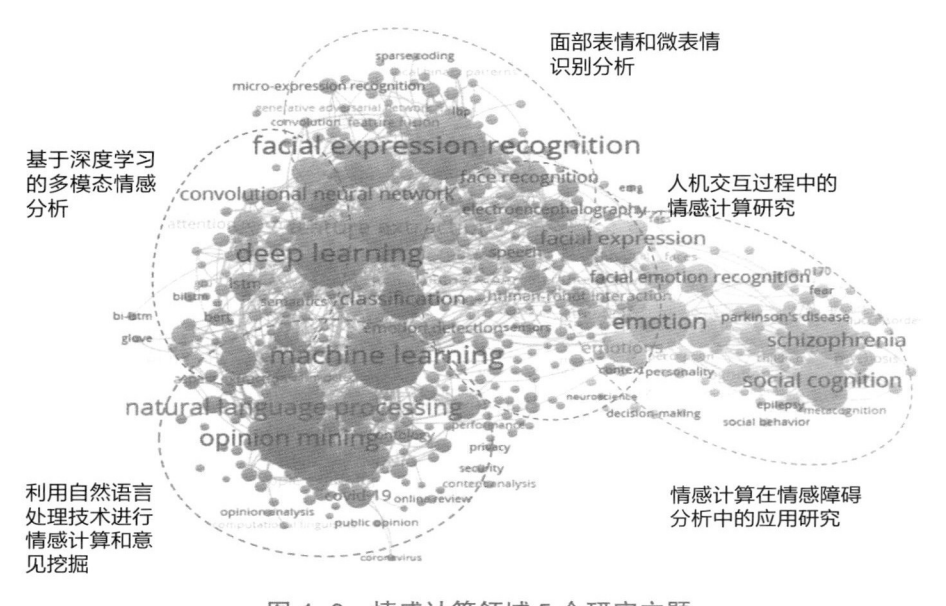

图 4-6　情感计算领域 5 个研究主题

　　分析结果的核心主题词平均被引频次代表包含此主题词的论文发文以来的平均被引频次，平均关联强度代表此主题概念包含的核心主题词间联系的紧密程度，主题关联强度越大代表核心主题词间共现强度越大、研究越集中，反之则代表共线强度相对较低、研究越分散。

　　其中，情感计算在情感障碍分析中的应用研究平均被引频次最高，这说明目前情感计算与医学领域特别是在情感障碍、抑郁症识别领域的交叉研究影响力较大。基于深度学习的多模态情感分析的平均关联强度最大，这说明该主题的研究相对更加集中。

第五章　应用情况

　　情感计算是一个正在兴起并迅速发展起来的全新领域，同时也是融合了传感器技术、计算机科学、认知科学、心理学、行为学、生理学、哲学、社会学等多学科的全新研究方向。情感计算技术的应用、推广离不开企业。企业根据其技术基础和发展规划，在不同领域进行战略布局。本章以情感计算学术圈和企业生态圈为研究背景，对其相关产业应用及代表企业进行梳理，通过对不同领域市场需求和应用场景分析，对面临的应用挑战和应用前景进行展望。

5.1　环境分析

　　分析师根据广泛收集的国内外包含情感计算技术的产品和服务，综合参考用户评价、业界评价、新闻媒体报道等，筛选出了应用于教育、健康、商业、工业、传媒、社会治理领域的代表性产品或服务，并对相关企业进行梳理，以了解情感计算技术市场和环境需求。1996 年以来，全球情感计算企业数量趋势如图 5-1[⑮] 所示。

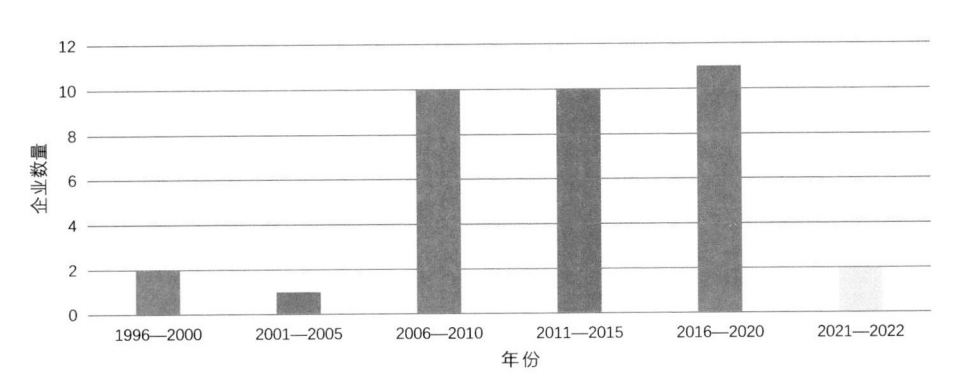

图 5-1　全球情感计算企业数量趋势

5.1.1　典型应用

近年来，情感计算技术的应用推广离不开众多企业的发力。企业根据其拥有的技术基础和发展规划，在不同领域进行战略布局，如教育培训领域的独角兽企业强脑科技（BrainCo）、海康威视，初创企业 SensorStar、Robokind 等。BrainCo 作为全球首家脑机接口领域的独角兽企业，研发的教育产品 Focus 专注力训练设备（BrainCo 头环），能够实现精准的专注力测评，再为使用者制定成长体系，为学生和教师提供专注力训练、心理健康、人工智能脑科学课程、AI 辅助教学等。BrainCo 定位提高孤独症儿童社交沟通能力的"开星果脑机接口社交沟通训练系统"（以下简称"开星果"），采用可穿戴智能脑机接口技术，针对孤独症等儿童的大脑进行精准闭环神经反馈训练，改善核心脑功能缺陷和行为缺陷，并帮助提升传统行

---

⑮　图 5-1 至图 5-5 均来源于德勤科学加速中心，数据截止日期为 2022 年。

为训练的效率。经中国康复研究中心国家孤独症康复研究中心儿童康复科严格地随机分组对照研究证明，"开星果"对改善孤独症儿童多种症状有显著效果。

Expper Technologies、软银机器人、优必选等公司致力于智能机器人的研发与多场景应用。竹间智能作为代表性创业企业，以对话式交互 AI、知识图谱等技术为核心，打造了众多高度标准化的平台级产品，在传统的客户关系管理系统、办公自动化系统等工具之上，以自然语言技术赋予企业更加科学的思考和决策能力，包括从大量非结构化数据中提炼洞察，数字员工与终端用户交互，形成更高水平的业务自动化能力，为企业提升效率。竹间智能于 2022 年首批推出了 5 款 AI SaaS 产品，即定制知识型 AI 数字员工 Bot Factory、销售对话智能 Emoti Salesmate、AI 智能陪练机器人 Emoti Coach、认知洞察 Emoti Insight 和智能知识库 Emoti Knows，以赋能企业的数智化变革，从销售、服务、知识等 3 个方向推动数字转型。

Behavioral Signals、audEERING、科思创动、Talkwalker、Converus、Discern Science 等具有代表性的创新型企业凭借领域前沿的技术专利与企业、政府等合作，实现技术推广和产品优势的双赢。Emotiv、Smart Eye、NVISO、Affectiva 等独角兽企业不断通过技术的研发提升产品的市场竞争力，推动企业发展。此外，英特尔、高合 HiPhi、新东方、脸书、淘宝、度小满金融、新浪等知名企业，以及以美国麻省理工学院情感实验室为代表的高校，通过产学合作将技术应用到了教育、健康、商业、工业、传媒、社会治理等多个领域。图 5–2 是主要应用行业的代表性产品或服务的企业。

图 5–3 是代表性企业的资本规模分布，可以看出，成立时间较短、企业规模较小的创业型企业较多，而资本较为雄厚的独角兽企业与老牌代表性企业占比接近。通过进一步整理各主要公司代表性产品或服务，以及其

图 5-2　情感计算应用代表产品或服务企业

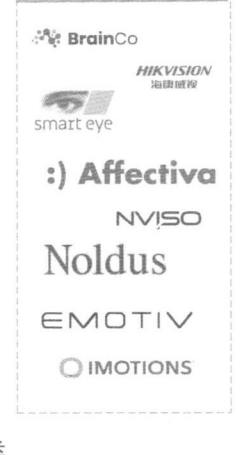

图 5-3　情感计算企业的资本规模分类

主要应用技术，可以看出，情感计算的应用技术类型分布较广，其涵盖了语音情感计算、行为情感计算、生理信号情感计算、文本情感计算以及多模态情感计算，多集中在技术型平台与系统，只包含少数的智能机器人，各类产品或服务的受众仍停留在企业、机构层面，尚未拓展到个人和家庭，如图 5-4 所示。

图 5-4　情感计算企业应用技术分布情况

5.1.2　行业市场需求

随着情感计算技术日益发展，教育、健康、商业、工业、传媒、社会治理等行业对情感计算相关技术的需求逐步出现，代表性创业企业的应用数量增长强劲，其中不乏快速成长为独角兽企业的案例。大企业也纷纷踏入情感计算领域，寻求业务创新突破口。

（1）教育培训领域

教育在注重知识传授的同时，也应注重学生情感表达能力的发展。有研究显示，情感能够影响个体概念判断、事物分类、解题推理、知识记忆等。对处于不同智力水平和不同教育阶段的个体进行试验研究，证实在智力水平等因素限制下，积极情感随着情感强度改变对学习效率会产生不同程度的正向影响，消极情感随着情感强度变化则产生不同程度的负向影响。根据用户的情感状态，情感识别和情感计算技术的合理运用能够对课程内容和课程节奏进行调整，有效规避个体低效率的学习，较好地辅助学生对认知困难的知识内容进行学习，提高学习效率。

在学习过程中，"走神"是个体注意状态常见的消极具象表现形式，居所有影响课堂学习效率问题之首。这种注意力不集中问题对个人影响较大，但对课堂的进度影响不大，且比较隐蔽，教师难以察觉。运用情感分析技术可以及时发现课程教学过程中个体学生的注意状态由主动向被动的变化，辅助老师及时提醒学生，并在多数人注意力呈消极状态下恰当地给予课程内容引导或者临时休息，有助于学习状态的调整。

在突发公共卫生问题影响下，移动端在线教育应用的用户量呈指数级增长。但是，用户对教学质量和学习效率评价不一，提供的服务质量水平与用户的期待并不相称。线上教育比较适合课余时间进行专业知识和技能的补充学习，大多数线上课程设计简单，采用异步教育的模式，无法形成良好的学习氛围。人工智能、情感分析等技术的发展有助于对学生学习状态及个体差异进行识别，并通过学生的反馈信息提供更加契合个人的学习内容及教学方式，有助于线上教育类应用用户体验及教学体验的提升。

（2）生命健康领域

目前，情感人工智能在自闭症、双向情感障碍、抑郁症等疾病治疗方面有一定的研究积累。脑电作为客观反映大脑活动状态的生理信号，通常被认为是辅助诊断抑郁症和检测疗效的工具。随着认知神经科学研究技术的进展，研究者利用脑电等可以反映脑功能活动的生理信号的手段，研究情感识别等问题，将情感分析方法运用到生物医学领域中，能够早期识别心理疾病，并且在保护病患隐私、降低病耻感等前提下辅助疾病的干预与康复工作。

2008 年，我国将重大自然灾害、事故及突发事件应急救援体系的构建侧重于心理救援与心理健康领域，为灾后人群提供心理救援服务，制定心理救援技术标准。但是，突发公共卫生事件中的心理救援仍面临许多问题，如心理障碍识别与监测困难、心理健康服务资源匮乏、缺乏大众应激反应心理专业的疏导与干预等。为此，研究人员把情感计算技术纳入辅助心理救援机器人的设计中，并借助情感计算对患者的情感进行识别，协助医生及时对患者进行心理干预。新型辅助心理救援机器人连续实时情感检测系统能够发现异常情感波动，帮助医生识别急性应激反应障碍患者，及时进行干预治疗及心理疏导，加强人群心理健康保障，促进心理救援效率的提高。

文本情感计算也被比较广泛地应用于药物效果评估、健康评估和医疗保健服务评估等方面。对药物效果进行情感分析，有助于医疗专业人员及药品生产企业对药品上市后的安全性及市场接受度进行评价。例如，通过分析社交媒体平台大量有关患者护理、疾病预防等信息，可了解患者及家属的态度与行为意向。情感分析广泛应用于隐藏情感的检索，社交网络平台中的讨论往往表达出更直观的情感，以及存在的问题。生命健康情感语料库为情感计算提供了信息提取的分类标杆和关注重点。

此外，我国人口老龄化呈现规模大、程度深、速度快等特点，情感计算持续注重对老年人心理状况采集、心理疏导，以及应用于包括疾病预测在内的健康监测等。例如，智能陪伴机器人可以与老人互动，带给老年用户更真实的感受，简单的操作也符合生理机能处于衰退阶段的老年用户的需求。

（3）商业服务领域

消费者的消费决策是受情感驱动影响的，消费者对商品评价往往体现他们的真情实感，反映其内心情感状态。企业利用情感计算技术分析相关的评论文本，可以了解消费者关注点与情感倾向、情感波动状况等。以情感分析技术为依托，根据情感波动趋势和销售数据趋势对比，可以找出不同维度的关联，从而为产品升级、营销策略调整等提供参考。

新媒体是公众表达诉求最重要的平台与载体，对企业热点事件的网络舆情有显著的影响作用。如果企业在舆情分析与处理方面滞后，容易给企业带来负面影响。因此，如何对网络舆情信息进行全面、及时、准确、高效的监测，增强网络舆情管理能力，对企业稳定发展十分重要。一旦锁定某一舆情事件与企业相关，借助舆情文本情感倾向性分析技术，了解网络民众对突发事件的态度和立场，为制定危机应对策略打下基础。企业在采取相应的措施后，可以借助于网络舆情主题追踪技术，通过分析近期新发、转载文稿，考察文稿的主题、文字等情感倾向性，从而观察、识别消费者、公众、媒体等对舆情的关注点及态度转变，当发现危机缓解时，采取措施转移事件的注意力，以达到重塑和提升品牌形象的目的。

智能客服是情感计算在商业服务领域的代表性应用。长期以来，人机对话都是自然语言处理领域重要的研究方向，随着人机交互技术的不断发展，对话系统逐步向实际应用迈进。其中，智能客服系统受到企业特别是大中型企业的普遍重视。对智能客服而言，与消费者沟通不只是为了解决一个问题，更重要的是要能感知、了解消费者情感的变化，并与其产生情感共鸣。为此，一些学者提出了将情感技术融入智能客服系统，以提高服务满意度。

（4）工业设计领域

工业设计作为工业产业发展的重要领域，在产品设计上，既要达到物质上的基本实用性，又要不断融入新思想、新思维使之具有情感性，用更多的设计语言及设计形态来缓解人们生活和工作的压力，进而满足人们精神世界的需求。特别是当今物质产品日趋丰富、竞争日趋白热化的时代，情感已经成为工业设计中重要且独特的元素。产品设计中的情感交流是设计师通过产品传递给用户的高层次信息传达过程。

例如，汽车内人机交互设计基本上满足了用户的功能需求及审美需求。设计师的目光从最初的以实用功能为中心开始转向人的情感需求，对产品提出了多层次、多样化和个性化的要求，以人为中心的设计理念在不断加强。随着语音识别技术的不断成熟，声音交互被广泛应用于人机交互产品中，它不仅提升了驾驶安全性，也提供了更好的用户体验。许多设计者对如何将情感计算技术加入汽车自动监控系统展开研究，利用生理信号交互来检测驾驶员是否处于疲劳驾驶状态、有无"路怒症"等，进而促进行车安全。

（5）科技传媒领域

情感，不但是我们表达感情和传播思想的手段，还是一种表征种种错综复杂社会关系的特殊信息。情感也是一种传播内容，既可由信息自身承载，又可由传播者的主观表达引起。无论哪一种情感，传播活动均受暗示和感染机制作用，特别是群体性事件集合行为。除人际间影响外，情感也有纵向累积，特别是负面情感，也许一时会被掩盖，但负面情感日积月累就有可能从"星星之火"发展为"燎原之势"。此外，情感虽然是个人的心理体验，但是通过传播与交流，很容易转化成社会群体成员共同的心理特征。因此，个体的感受不仅存在于个体自身或人际关系中，还可以扩展到整个社会层面。以往的传播学研究较多关注事件这一信息传播主体，忽略了情感传播。

社交媒体中的用户情感分析可以运用到企业提升服务水平和有效应对舆情、评价、情感监测等，对情感因素的关注有助于社交媒体中信息正向传播。对具体事件网络舆情进行情感分析，能够实现对公共卫生事件、灾害事件等进行舆情监测和预测，更加迅速地了解公众需求和稳定公众情感，有利于社会、经济等稳定。情感计算技术也被应用于把握藏文、阿拉伯语等资源稀缺语言的社交媒体情感中，分析资源稀缺语言能更好地了解不同民族、不同语言表达习惯的人的内在情感。

（6）社会治理领域

随着人工智能技术的发展、情感计算等新型智能技术的出现、情境感知与自适应学习系统的研究与开发等，智慧校园迎来了崭新的变革契机，人工智能化的智慧校园可视为智慧校园的智能升级。过去的信息技术很难接触到个体的情感智能，而情感计算的出现为校园人机环境下的情感感知提供了更大的可能。传统校园安全应用多停留在实时监控与事后调阅，智慧校园可以监控校外人员在校内的行动轨迹，通过面部识别、姿态分析等情感计算技术对其进行精细化管控，为校园安全环境提供技术保障。

情感计算在社会公共治理中也开始挖掘更多的应用场景。例如，为防诈骗有必要对信息可信度进行评价。警察审讯及后续刑事诉讼中往往需要对证人、嫌疑人进行声誉评价，对检测其言语是否真实具有重要影响。情感技术在测谎仪器等的运用则可以通过真实记录被测者脉搏、皮肤电、呼吸和血压等生理参量变化，作为判断或侦破的重要辅助手段。

5.1.3　应用挑战

虽然不论在市场需求还是行业需求方面，情感计算都有着广阔的前景，但是情感计算技术的应用还存在诸多挑战，需要社会各界予以关注。

目前，在数据的采集与保护方面，情感计算技术通常依赖于被动和主动的数据收集。被动数据收集可以是从智能设备的使用、驾驶过程或社交媒体平台加以收集，而主动数据收集则涉及研究环境中的特定声音、面部表情评估或生理信号采集。这些数据会涉及多个主体，包括用户本人、软件公司、情感计算数据采集公司等，用户的数据往往需要多重授权，部分数据所属无法确权，数据安全存在安全隐患。在情感计算技术的应用发展过程中，需要大量的数据样本进行算法练习，而云计算为数据样本提供的云储存空间，在方便技术发展的同时也会带来某些隐患。在层层授权环节中，如果数据受到污染或遭到泄露与滥用，可能会危害到人身、财产、社会经济乃至国家安全，如不法分子利用用户的健康数据进行诈骗等。

在用户的个人隐私方面，情感是一种个人的内在感受，对大部分人来说，常常会控制并隐藏自己的情感来适应社会规则，尤其是恐惧、担忧、焦虑等负面的情感。在一些特定的情况下，人出于某些需求可能更倾向于呈现一种虚假的情感，来自我保护或者适应社交。当情感计算技术被用于医生、朋友或商家，用于判断是否有某种健康状况或有某种情感倾向时，隐私可能会受到侵犯。情感计算技术的应用具有一定的侵入性可能，超出了公众在公开场合或家人朋友面前保持个人情感隐私的预期。基于生理信号、面部表情、眼球运动、语音等数据的情感计算很有可能会非自愿地暴露真实情感，从而遭到很多人的抵触。

毋庸置疑，情感计算技术还存在技术上的局限性。由于人类个体的情感交流是一个十分复杂的过程，除了受具体的交流者对象、经历、交流时间、地点及环境的影响外，每种情感还都具有各自独特的情感表达。此外，网络情感词汇的快速更新、不同模型的局限性、多模态数据的融合处理等，也会对情感计算的准确性产生影响。情感分类是情感分析的重要基础，传统的分类方法主要基于情感词典和机器学习方法。由于语言的多样性和复杂性，不同语言在不同领域中的情感表达可能有所差异。因此，除了需要构建高效的通用情感词典外，对情感分析模型不断开发创新也是当前情感计算的主要任务之一。随着数字媒体技术的发展和互联网逐渐向移动社交化转变，网络媒体中的内容不再局限于文本，而是融合了视频、图像和音频等媒体的多样化形式。图片和视频等载体综合了画面、色彩、文字等特征成为表达情感的新形式，用户表达情感的渠道得到很大拓展。面对层出不穷的情感表达方式，在技术方面尚缺乏有效的处理方案。还需要关注的是，随着情感计算技术的推广和应用，相关法律的制定、使用规范的合理化限制、信息安全保障技术的提高等，也是亟待解决的问题。

5.2 行业应用

近年来，情感计算已经在教育培训、医疗健康、商业服务、工业制造、科技传媒、社会治理等多个领域投入应用。目前，我国情感计算领域的发明专利申请数约 3 000 项，其中大多是在 2018 年之后提出的申请。当前不同行业情感计算技术应用情况见图 5-5。

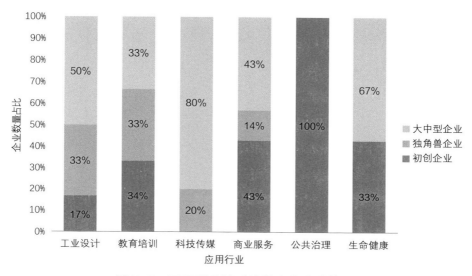

图 5-5 不同行业情感计算企业分类情况

5.2.1 教育培训领域

当前，人工智能与教育逐步融合，赋予教学创新与教育变革极大的可能。情感计算通过计算机系统识别、感知、理解和表达人类情感，通过增强情感交互、激发学生需求、提升人机协同等手段，不断推动教育培训领域的发展。在全球范围内，情感计算技术在教育培训领域主要应用于 3 个方面：加强线上教学的情境化因素，增强师生情感交互，提升教学质量；发展并完善智能教育中的学习评价，科学衡量学生的能力，自动调整学习内容和环境；促进特殊群体的情感感知提升。

（1）学生课堂情况检测

情感计算技术有助于教师通过线上线下教学，把握学生学习情况、评价学生课堂投入水平、协助课程内容调整。美国纽约 SensorStar 实验室开发了一款面部识别软件 EngageSense，该软件利用摄像机拍摄学生上课时面部表情，用算法测得微笑、皱眉及声音，通过匹配课堂内容来评价学生对课堂内容理解度和专注度，课后自动生成学生上课状况评价报表。西班牙 IE 商学院创建的 Wow ROOM 是欧洲首个虚拟教室，采用情感识别系统对在线教育学生上课状态进行实时跟踪，即使教师进行在线授课时不能观察到每一个学生，系统也可以了解每一个学生的心情和注意力水平。法国巴黎 ESG 商学院利用人工智能及面部分析软件 Nestor 大规模采集开放式在线课程（MOOC）中的学生眼球运动及面部表情等信息，并利用算法评判学生注意力专注程度，这便于老师根据学生注意力情况调整相应课堂内容。英特尔公司使用美国北卡罗来纳州立大学研发的一款软件，借助摄像头对学生面部表情进行采集与分析，针对性辅助其 Emoshape 情感计算智能系统对个体学生求解能力提升，实现个性化内容的自动推送，激发其学习兴趣。

情感计算在我国智慧教育建设上的应用也取得了一定成效。浙江部分中学实施的"智慧课堂"项目，通过课堂前的 3 个摄像头对学生面部表情和动作进行拍摄，分辨 7 种情感（恐惧、喜悦、厌恶、悲伤、惊讶、愤怒和中性）和 6 种行为（阅读、书写、听、站、举手、伏案），并对课堂上发生的异常事件进行及时反馈，还可以做到超快速、无知觉刷脸考勤等。新东方引进 AI 双师课堂，能够通过"慧眼系统"来识别学生面部情感，判断他们是否认真听课的同时，能分辨喜、悲、惊、常、怒，教师能够根据情感表现把握学生对课程内容的反馈信息，进一步完善教学内容。北京清帆科技有限公司开发出一套名为 EduBrain 的课堂场景教学分析系统，通过收集学生上课时面部表情及语音等信息进行情感分析，了解课堂上学生的情感状况，有助于及时掌握授课情况并据此调整教学方式、风格及进度，以实现个性化教学。当前，EduBrain 教学分析系统已在国内众多学校及教育机构中使用。

（2）智能教学口语对话系统

情感计算也可以集成到智能教学口语对话系统（Intelligent Tutoring Spoken Dialogue System）中，有助于缩短与计算机导师间的距离，增强学生的学习持续力。美国孟菲斯大学教学研究团队研发了智能导师（Auto Tutor），主要应用于在线网络学习，在学习时使用自然语言指导学生会话、跟踪学生语音情感，将问题展示给学生并识别、反馈、提示学生。2005 年，海南大学探索了口语教学中"导学 + 自主学习"，以情感计算为核心的智能化教学口语对话系统有助于教师对学生朗读、背诵、会话，以及看图说话、主题发言和演讲等场景给予一对一指导，指导学生课下对话练习，提高学生口语对话水平。语音情感识别技术识别出学生语音中所蕴含的某些情感信息（如开心、生气等），并在此基础上构建出学生口语谈话情感数据集，以便了解学生对知识的认知情况和他们的情感变化。在给学生建构的有情感交流的语言环境下，通过交流能促进学生学习，有效地改善传统口语对话存在的习练生涩、语言情感交流不足和口语操练教练机械性强等现象，使口语对话看起来更为自然、亲切。

（3）在线教育系统

在线上课堂上，情感计算技术可以被用来理解学生的情感变化，如专注度和理解程度，帮助教师改善教学，并给予学生个性化学习指导。随着文本情感计算技术的逐渐成熟，大规模开放式在线课程等在线教育中各种文本交互区域，如讨论区、调查反馈、聊天室 BBS 的情感分析得以实现，还可应用于对学生学习活动及学习过程中的情感变化分析。美国科技类博客 TechCrunch 设计的在线教育平台以深度学习系统为核心，对学生学习效果进行数据分析，以实时评价、定制化学习等方式提供一对一指导、精熟学习等服务，并结合学生个人能力与教学要求，实时推荐个性化课程内容、调节教学速度。北京大学和北京弗圣威尔科技有限公司以文本情感技术为基础共同开发了基于中文文本的"小菲"情感计算系统，该系统建立了具有 32 879 个情感词语的情感词典——"小菲词典"，根据保罗·埃克曼（Paul Ekman）心理模型把在线教育平台中的文本信息划分为气愤、厌恶、恐惧、愉悦、悲伤和惊讶 6 类，使用情感计算模型区分文本中的情感极性并计算其强度。该系统能实时监测参与人员的情感变化情况，尽早地检测出学生所反映出的问题，并进行适当的反馈，缩短了教师及助教大量的时间及精力，提高了在线学习、教学的效率。

（4）可穿戴设备和情感智能体

除专用智能导学系统外，可穿戴设备和情感智能体通过更加广阔的适用场景以提高教育和培训效率。比尔与梅琳达·盖茨基金会资助研制传感器手镯 Sensor Bracelets，通过腕部设备发出微小电流来测量神经系统对刺激反应过程中电荷的微小变化，评价学生情感变化。波士顿强脑科技（BrainCo）公司开发出一种 Focus 专注力增强系统，BrainCo 头环在阅读前额脑电信号的基础上，通过对大脑活动的探测对学生注意力水平进行监控和定量，结合 FocusWorld 软件系统及脑神经反馈训练等手段，有效增强学生的专注力，帮助匹配出学生真正关心的教学内容。香港理工大学计算机学院于 2017 年开发了接入在线教学的情感交互系统"情感鼠标"，测试在线学习者皮肤电反应、脉搏和体温变化，当学习者学习或者练习产生萎靡不振等情感时，"情感鼠标"会发出信号，并通过播放音乐等方式调节学习者状态。

北京师范大学未来教育高精尖创新中心开发的"智慧学伴"机器人，以自然语言处理、情感计算、知识追踪等为基础构建学习情感识别模型，通过收集学生学习行为与行动等过程中的数据，精准感知与识别学生学习情感状态，为学习者提供更加愉悦的学习体验、更加精准的知识状态评估，提高了学习效果，满足了各种教学情境中学习情感的需求。"智慧学伴"机器人通过对交流对象的身份及个体信息进行确认，并结合学习者的喜好，使用针对性交流方式（如昵称等）来营造出符合学习者特征的学习情境。同时，"智慧学伴"机器人的多个传感器实时监控学习者的学习情感和专注度等指标。例如，当感知到学习者处于学习状态不佳时，"智慧学伴"机器人会自动启动对话代理引擎向学习者提出问题、与学习者自由交谈非教学内容，或者建议学习者稍事休息，还可以通过积分奖励机制等方式来激励学习。

（5）特殊教育情感感知

国内外人工智能赋能特殊学生教育的技术基础及成效研究，主要围绕人工智能技术对特殊学生的诊断及识别、干预和辅助展开。实践前沿主要围绕人工智能技术对孤独症谱系障碍儿童的诊断及康复，对视觉障碍、听觉障碍、言语与语言障碍以及学习障碍学生的人工智能技术教育辅助展开。当前，国内外日益重视人工智能技术赋能特殊学生成长的相关研究，同时也将情感计算技术应用于特殊群体情感感知促进训练，已有开始应用于视觉障碍者、听觉障碍者、智力残疾人、自闭症患者及肢体残疾者。情感计算可运用到智能转换系统中，借助文本和语音的转换来辅助特殊学生的课堂阅读。唐·约翰斯顿（Don Johnston）公司针对阅读障碍儿童研发出一套快速阅读智能辅助系统 Snap & Read，采用情感计算的文字转语音技术对电子设备内的文字进行图像捕捉，精确地转换成语音，在保持文字原有意义不变的前提下，以更容易理解的单词代替文字内较复杂的单词，有助于阅读障碍群体更方便地进行阅读，促进学习独立自主。情感计算技术也常应用于特殊群体的情感感知提升训练，由美国科罗拉多大学波尔得分校设计研发的三维辅导教师机器人 Baldi，通过语音识别与情感识别技术呈现了培养听力障碍幼儿会话技能的口头语言理解与生成方法。英国帝国理工学院研制的 Zeno 机器人通过产生面部表情，表达情感，鼓励自闭症儿童模仿，并开设自闭症治疗相关课程。在某种程度上，人机交互的交流环境可以让自闭症儿童变得更舒适轻松，有助于自闭症儿童加深对人的面部表情及情感的理解。

5.2.2　生命健康领域

情感计算在生命健康领域得到广泛关注。通过分析和评估各种类型的数据源，辨别接受医疗服务的用户或患者的情感类别，并进行相应的干预，可以提高医疗卫生服务的质量。由于生命健康领域的特殊性，涉及情感计算的数据源更加多样化，包括临床数据、药物评论、生理信号、问卷调查等。随着情感计算技术和生命健康领域的融合，学术研究与实践应用均在不断地发展。

（1）情感检测识别

情感会对身体健康产生影响已经是一个被大众广泛认可的观点，将情感识别结果与生物信号相关信息、个体的日常活动相关联，可以发现多种不同的影响模式，被认为有着广泛、深远的研究价值。情感计算早期多用于情感障碍治疗、自闭症治疗与干预、情感安抚、老年人情感陪护等领域。卢森堡 LuxAI 公司于 2018 年研发专门针对自闭症的机器人 QTrobot，帮助家长及治疗师教自闭症儿童如何学会并构建人际交往的基本技能。QTrobot 约 66 厘米高，在 RealSense 3D 摄像头、麦克风以及功能强大的扬声器帮助下，能看、能听、能沟通。QTrobot 在自身情感识别技术的基础上，可以识别儿童情感的变化，通过自身屏幕及身体手势等视觉提示及面部表情将各种情感以非语言的形式传递给自闭症儿童，提高自闭症儿童注意力及参与度，用一种轻松形式辅助面部表情的学习及情感表达。

法国阿尔德巴兰公司开发的智能机器人 NAO 是目前国际上学术领域应用较为广泛的仿人机器人之一，它具有人类天然的肢体语言，可以听到、看到和说出，可以和人类进行交互，可以提供独立的、完全可编程的、强大的和便于使用的操作应用环境。NAO 机器人虽不是专为自闭症儿童设计，但增加了一个解决儿童自闭症的方案。NAO 机器人上安装有 4 个麦克风和 2 个摄像头，用于协助记录自闭症儿童与机器人互动过程中的有关数据，包括注意力集中时间和概率以及面部表情变化，对儿童情感变化进行分析和识别。当儿童表现突出时，通过一些鼓励措施（如跳舞、击掌等）予以激励，增进儿童与周边环境与人之间的交流。

亚美尼亚 Expper Technologies 公司开发出一款交互式陪伴机器人罗宾 Robin，目的是帮助儿童摆脱孤独。罗宾可以对儿童面部表情、情感、年龄、性别及话语等进行实时探测和分析，并做出反应，可以将跟小朋友交互时生成并对接收的关键信息点进行存储，还可以在后面的谈话中提及，极力贴合正常人类交流的特点，显得更"亲近"。罗宾也可以用在医院儿童诊治上，并透过与即将接受诊治的小伙伴交流，转移注意力、缓解紧张不适。此外，罗宾可通过利用情感人工智能及自主技术进步等手段支持护理功能，拓展治疗及心理健康服务，协助一线临床医生工作，从而给老年人带来温暖的互动体验。罗宾还可改善老年人认知功能、减轻抑郁症状、提高情感及睡眠质量等，以提升其整体幸福感。

（2）智能情感设备与情感智能机器人

现阶段，情感计算多用于对情感和认知障碍的治疗和护理，通过声音、面部表情、肢体动作、眼动、生理信号、文本信息等评估情感和认知状态，如孤独、焦虑、抑郁程度等。美国麻省理工学院情感计算团队研发了全球首个穿戴式情感计算技术设备，以探测自闭症儿童情感，并协助机器人对自闭症儿童特有数据进行评估，提升儿童参与程度与兴趣。该设备通过可穿戴小型照相机等传感器，结合视觉及感知，获取儿童面部表情、头部运动信息等，构建计算模型进行情感–认知心理状态推断。研究小组还开发与手套相似的可穿戴设备 Galvactivator，能够感知佩戴者皮肤导电率，并且把数值映射在高亮度的 LED 显示屏，直观地显示皮肤电导率，从而推断佩戴者情感状态。

自闭症儿童通常很难理解他人的想法和感受，尤其是面部表情，常被排除在群体互动之外，而群体互动对儿童发育至关重要。为此，神经技术公司 Brain Power 设计出 Empower Me 系统，在谷歌眼镜的支持下运行，使用所携带的系列社交情感学习软件，包括情感猜谜、陪聊和情感管理大师，对人面部表情及肢体语言进行实时测试，再以游戏形式与用户进行交互，从而帮助自闭症儿童解读情感，练习与他人的眼神交流，掌握言语及对话技巧。美国斯坦福大学还研发出一种叫作 Superpower Glass 的装置，结合 AR 眼镜和具体应用的方式激发自闭症儿童的社会互动，先通过配备有朝外摄像头的眼镜获取孩子视野内人脸及面部表情,并发送给手机应用程序,应用程序再通过面部检测和情感识别,为孩子呈现对应表情的表情符号,能够识别情感表情包括快乐、悲伤、愤怒、厌恶、惊讶、恐惧、轻蔑和中性。

通过交互式机器人和儿童互动还可以培养和改善特殊儿童社会行为。美国南加利福尼亚大学 2015 年启动社会辅助机器人(Socially Assistive Robotics,SAR)的研发和应用研究,以模拟社会交往模式促进孤独症幼儿认知和社会能力的培养。团队开发的社会辅助机器人基维(Kiwi)是随着增强现实和虚拟现实技术广泛运用和智能可穿戴设备不断发展而产生的,它可以通过交谈锻炼表情识别能力和言语表达能力。团队根据现有研究还开发出一种基于混合现实社会交互机器人导师库里(Kuli)用于辅助孤独症儿童表达情感和心情,儿童在全息眼镜下观察库里的虚拟手臂,进入数学游戏交互式学习。如果孩子在进行数学游戏时输入答案是对的,库里就会用虚拟手臂进行欢呼、鼓掌或者波浪舞等表演;反之,则会表现出捂脸、耸肩或者交叉手臂等动作。

我国情感计算在生命健康领域的实践应用多体现在健康监测、精神障碍疾病的治疗和康复保健等方面。2015 年,香港中文大学(深圳)机器人与智能制造重点实验室启动"熊猫机器人项目",目的是为老年阿尔茨海默病患者研制仿生形态的康复训练机器人。香港沙田医院 2016 年发布的研究结果显示,参与研究的 20 名轻度认知障碍或痴呆老年人中,有 10 名与机器人进行一对一互动的老年人情感改善有统计学意义的差异。香港中文大学(深圳)机器人与智能制造研究院医疗组组长张家铭于 2017 年推出儿童互动机器人计划,之后又开发了为孤独症儿童提供康复训练服务的机器人大宝(Big Pal)。研究小组以"如何教自闭症儿童解读他人想法"系列课程为设计背景，设计情感认知康复范式，并在专业康复训练师推荐下优化范式，最终创造出一套独具特色的表情认知和训练系统。该系统通过和孤独症儿童在视觉、语音、触摸和动作方面的互动训练，帮助提高孤独症儿童的情感认知。孤独症儿童在与机器人交互进行情感认知训练时，机器人将自己训练时每个步骤的所有数据记录下来并上传至云端，云端模块"云端专家评估诊断系统"将数据进行统计、分析，医护人员在系统收集统计分析的基础上，掌握不同病人的治疗情况及康复进度，协助康复师完成病情诊断及康复训练等工作，为儿童量身制定个性化治疗及康复方案。

哈尔滨点医科技自主研发的 RoBoHoN 是一款率先为自闭症儿童设计的情感智能机器人，它是以图灵机器人所提供的人工智能和情感计算技术为支撑，具有给予儿童玩具情感陪伴和寓教于乐等功能。当 RoBoHoN 面对自闭症儿童进行对话沟通时，可以通过人脸识别、自动拍照、主动搭讪寻找相关主题，还可以跳舞、倒立等肢体表现快速拉近与患儿的距离。同时，运用人机交互对其认知及行为能力进行干预，让儿童在与机器人沟通过程中抒发和宣泄自己的情感，以达到满足、成长及心理治疗等效果。机器人可以实现对来院病儿诊后追踪、服药提醒、日常陪护、数据反馈、家庭医生远程连线等功能，实现自闭症、孤独症等儿童疾病辅助康复作用。

（3）抑郁症识别与干预

抑郁症在全球范围内存在发病率高、治疗难等问题，如何识别或早诊早治广受关注。尽管可以使用自测量表，但是仍过多依赖测量者主观感受。若能更客观地辅助判断，则可较好地改善上述状况。加拿大阿尔伯塔大学计算机科学研究人员已经发展出一种结合多个机器学习算法，用以提高声音线索对抑郁症的识别能力，利用人的声音来发现人的抑郁情感，通过声音中音色圆润程度、语调高低、发音轻重、语速快慢、重音强调、语气程度等来感知情感表达，并结合抑郁症患者语音信息分析比对，有助于发现抑郁倾向患者，有效地进行早期干预治疗。西安交通大学计算机科学与技术学院杨新宇教授研究小组也研发出一种基于语音与情感信号的抑郁检测模型。语音信号能够对提示抑郁症提供有用的信息，研究小组通过抽取深度声纹识别特征（Speaker Recognition）与语音情感识别特征（Speak Emotion Recognition），并将两种语音特征进行融合，进而得到语音与情感之间的差异。实验结果表明，将深度的声纹识别与语音情感识别特征融合，能够增强模型的预测性。宁波大学医学院附属医院在2019年开展了以产后抑郁症心理疏导为目标的情感分析技术协作研发计划，对产后抑郁症高危行为进行相关情感分析技术的研究，结合产妇身体检查结果和社交媒体数据，运用文本情感分析，自然语言对话和虚拟现实技术对产妇异常情感进行报警，构建抑郁症心理疏导虚拟人文本对话系统，为产后抑郁症康复治疗做准备。

（4）脑机产品

目前，商用化程度高的产品大多是通过传感器收集数据与情感计算分析结合等方式对心理健康进行监控。回车科技是一家基于脑电并集多维生理信号获取、分析与运用于一体的科技创新企业，旗下情感云计算平台利用头部传感器获取人的多维生理信号，并对信号进行分析以实现注意力、放松度、压力水平及愉悦度值的相关计算，从而获得人的健康及情感状态信息，使用户与相关产品互动，能够获知其一定时期内生理状态及情感变化。回车科技通过情感云平台等融合，不断丰富数据和优化算法，继而推出种类繁多的脑机产品。2020年，回车科技在情感云基础上发布了世界上最轻薄的双通道"脑电＋心率"减压头环 Flowtime，将脑机接口技术运用到精神健康场景中，使用者在减压、放松的过程中佩戴头环，头环对减压过程中的脑电、心率、呼吸等信息进行实时记录，使用户获得更好的减压效果。回车科技携手美国人工智能公司 SingularityNe，以情感云为基础，发布首款居民身份智能机器人索菲亚，通过把情感云数据运用到 AI 机器人上，让机器人变得更加温和、智能和理解人类。HTC 威爱教育在情感云的基础上，推出一款心理评估和调节脑电虚拟现实设备，有几款虚拟现实设备在回车科技硬件基础上结合情感云平台算法，研发了脑电虚拟现实产品并应用于睡眠、心理和成瘾性评估。

就目前研究、应用情况而言，情感计算在生命健康领域聚焦的范围还较为局限。随着计算机科学、人工智能、人体工学等领域的发展，情感计算与生命健康领域会有越来越多相关的交叉融合，逐步向更广泛的群体拓展。

5.2.3　商业服务领域

情感计算在商业服务领域的应用十分广泛，涉及智能导览机器人、精准营销、智能客服、金融预测等领域，越来越多的商家愿意尝试通过技术来推动商业发展。目前，机器人已经融入人们生活中的方方面面，情感计算技术让机器人实现类似人类的情感互动，提高了用户体验度，满足了用户需求。精准营销、广告精准投放等则是利用了情感计算技术中强大的记录和分析能力，与销售相结合，通过精准地分析出用户的偏好和情感状态，根据用户偏好、消费能力、情感变化等，精准提供给用户可能感兴趣的信息。以消费者真实需求为基础，提供高质量、个性化的信息和建议，是产生购买行为的有效手段之一。

（1）智能客服

现阶段，情感计算在全球商业服务领域应用最为广泛的是智能客服。智能客服通过分析语音数据，确定行为及感知特征，培养客服人员的共情能力及专业精神，越来越多的企业愿意尝试和采纳这种方式。作为人工智能实时反馈服务供应商，美国 Cogito 公司致力于在行为科学相关原理支持下，帮助全球客户服务中心提升用户体验。其产品将人工智能及机器学习技术应用于客服人员的电话服务过程中，实现实时情感检测，并记录顾客声音的音量、停顿及语速等参数，探测顾客所用关键字并衡量出客服人员声音中包含的同情度及疲劳程度等。Cogito 软件使用方便、界面简洁，通话中呈现 1～10 之间不断变化的动态评分来评估当前通话中顾客的情感，一旦发现顾客有不良情感就会通过短信方式发送给客服，并作出调整指导（例如，表现出更强的同理心或者调整自己的语气等）。Cogito 软件还可以将全部客服通话录音归档打分，作为全面评估、管理的工具。

京东于 2022 年推出人工智能开放平台 NeuHub，以自然语言处理为核心，语音交互和计算机视觉为导向，打造了京东的情感智能客服解决方案。NeuHub 平台上线了一个以京东语义理解技术为基础，以高质量电商、金融、物流等场景数据为核心的情感分析通用应用程序编程接口（Application Programming Interface，API），用于具有主观描述的中文文本的情感分析，既能识别愤怒、欣喜、失望、焦虑等各种情感，又能产生与之对应的具有情感的表情。情感计算帮助京东智能客服实现由智商向情商提升，使人机对话更有情感和温度。与此同时，基于 NewHub 平台的情感分析能力帮助京东智能机器人 JIMI 再次升级，赋予情商之后的 JIMI 能准确地感知到用户的心情，将对应的情感融入回复中，使人机交互更有温度。

（2）金融服务

金融服务业是商业服务领域的一部分，利用深度学习和大数据等手段可以更有效地进行风险识别，进而防范、化解金融风险。例如，通过采集、分析媒体报道或公司新闻等非结构化文本数据，基于金融文本情感分析的指数预测模型，进行股市指数涨跌预测。在金融领域中，随着信贷线上线下的迁移，信贷审核和客服等都由智能机器人来完成。以2018年与百度公司分拆后单独经营的金融科技公司度小满为例，在信贷审核方面，超过6成的重复性任务是通过机器人来实现的。度小满金融将情感算法运用到语音机器人中，能够很自然地与用户互动聊天，同时能够"察言观色"，辨识用户交谈时的情感，大部分用户都感觉不到是在和机器对话。在办理小微贷款业务时，不少小微商户因账期推迟而需向金融机构提出延期还款请求。判断申请人推迟还款原因是否属实，一直是审核部门费时、费力的业务。度小满金融在对用户语音进行分析的基础上，通过情感计算提炼出诸如语速、语气、精力、讲话时是否迟疑等因素，用于评判用户言语真实性，很好地解决了这个问题，也为众多小微商户资金周转解除了困境。

（3）精准营销

利用情感计算技术记录和分析能力，通过分析用户偏好和情感状态，可以精准提供用户感兴趣的信息。EMOTIV是一家美国专门从事脑电研究的神经技术公司，它宣布与欧莱雅公司达成美容领域战略合作，旨在帮助消费者围绕香氛需求进行个性化的挑选。欧莱雅公司的行为科学家通过使用EMOTIV多通道头戴脑电设备获取消费者生理信息，并使用机器学习算法对脑电图进行判读，以精确感知并监测现实世界环境下的行为、喜好、压力及注意力等信息的方法，连接神经反应和香水喜好，为消费者提供独特的香水咨询体验，帮助消费者确定适合自己情感的香味。法国科技公司 DAVI 成立于 2000 年，专注于人工智能、情感计算等，致力于将数字化关系运用于人与人之间的交互关系，让机器和人之间的沟通模式更趋自然。DAVI 以情感人工智能技术为基础创建 Retorik 平台，配备了用于理解请求含义，并在专业领域提供个性化回应的对话引擎，以及能够匹配用户语音、文本，实时调整机器人行为的情感引擎，帮助用户创建属于自己的数字助理和专家。目前，虚拟数字助理已被运用在许多商业服务中，如布列塔尼渡轮通过 Retorik 平台创建的独家数字化旅游助理 Abby，根据所接收的情感信号协助消费者确定个性化的旅游地，并提供优质的个性化资讯与推荐辅助行程。

淘宝每天都会产生海量的评论，消费者在购买商品的时候希望通过评论来了解其他用户对某商品的看法，但他们很难去浏览全部评论。因此，如何高效地帮助用户去理解其他用户对商品的观点是一个需要解决的问题。淘宝将用户生成内容（User Generated Content，UGC），如用户对物品的点评、用户直播间点评、用户短视频点评、问答区文本等输入"属性&情感词"提取模型中，通过提取模型将内容分解为属性、情感词和情感极性，结合情感知识以及用户个性化观点推荐，进行汇总并展示。

亚马逊公司于 2019 年 8 月发布的 Rekognition 面部识别软件，能在图片及视频中检测人脸位置、人脸标记（如眼睛位置）以及情感（包括恐惧等 8 种情感），还能将不同图像中的人脸进行相似度比较。通过对情感表达方式的判读，Rekognition 可以实现用户验证、情感分析、人口统计等，同时向亚马逊 Redshift 平台发送分析与统计结果，辅助企业管理。美国佛罗里达州迈阿密一家面部识别创业公司 Kairos 基于计算机视觉、深度学习与情感计算技术发布了一款视频分析系统，它可以通过对顾客年龄、性别、社会地位以及实时情感帮助商家猜测顾客身份与情感。总部位于荷兰阿姆斯特丹的 Braingineers 致力于利用人工智能技术帮助企业更好地理解内容如何影响用户的情感和行为，利用眼球追踪设备、采集脑电信息的耳机等设备捕捉用户与网站在线内容交互时产生的生理数据，利用深度学习算法对数据进行处理，找到衡量快乐、注意力和沮丧的情感模式。

（4）游戏体验

除传统零售业之外，娱乐游戏也是商业活动的重要组成部分。电子游戏通常能够很好地激发玩家的情感，近年将情感计算运用到电子游戏中的研究逐渐增多。

以深度神经网络、无监督学习和语音情感追踪等技术为基础，德国音频人工智能应用公司 audEERING 发布的 entertAIn play 产品实现了玩家的情感作为输入信息，触发不一样的游戏互动体验，将电子游戏的沉浸式体验带上一个新层次。entertAIn play 透过麦克风及语音活性检测来捕获选手的声音数据，再使用人工智能模型对语音参数进行解析，以辨识选手的实时情感及其强弱程度，最后根据输出值触发与选手情感匹配的游戏场景。在名为《命运》（*Destiny*）的第三人称射击游戏（Third Personal Shooting，TPS）中，entertAIn play 透过玩家声音中的情感对终极治疗法术进行充电和释放魔法力量；《黑市》（*Black Market*）则是利用 entertAIn play 透过玩家声音里的情感触发魔法咒语，解锁被诅咒的宝箱并召唤出各种各样的魔法符文；街机风格虚拟现实游戏 *MASHER* 则是情感输入引导各种游戏事件发生，玩家情感与游戏中的角色属性密切相关：玩家越是愤怒，角色造成的伤害值越大；反之，轻松的情感能更快地帮助角色重生。

由 Flying Mollusk 发行的 *Never mind* 是一款引导玩家进入心理创伤

受害者虚拟内心世界的行走模拟解谜游戏，采用 Affectiva 基于生物反馈技术（通过标准摄像头或者支持的心率传感器）的情感感知插件 Unity，感知玩家面部表情中有无情感困扰痕迹，从而对游戏玩法进行调整。例如，玩家在首次过关后进入让人毛骨悚然的屋子，Unity 能够检测到玩家面部的恐惧感，增加游戏中的恐惧诱发元素。当生物反馈算法检测到玩家的情感开始放松时，游戏的剧情也会变得更加轻松。游戏最核心的内容设定是让玩家在游戏过程中通过寻找线索，来帮助那些承受了心理创伤以及患有创伤后应激障碍的游戏角色走向痊愈，所以将玩家自己的情感也投影在游戏中，使得游戏体验更加全面，也使得玩家在游戏过程中学会如何调节自身情感，进而减轻日常生活中的压力和焦虑感。

（5）就业领域

在就业领域中，情感识别的应用增长迅速，部分企业利用人工智能技术对求职者或员工进行工作能力的判断。HireVue 和 VCV 等公司通过建立人工智能驱动的招聘智能平台，解决了因远程面试与时间限制导致的面对面招聘问题。求职者使用计算机或智能手机录制视频，系统先通过摄像头分析其面部表情、用词和说话声音，利用语音与面部识别技术识别候选人的情感和行为模式，然后根据自动生成的"就业能力"得分，平台可以通过初步自动筛选候选人、智能视频面试来帮助消除招聘过程中的人为偏见。不但如此，招聘机器人还可以一星期 7 天 24 小时全天候工作，不停地寻找和面试潜在候选人。目前，已有超过 100 家雇主使用该系统，对 100 万名以上的求职者进行了分析，其中不乏国际知名企业。

竹间智能由微软（亚洲）互联网工程院前副院长简仁贤在 2015 年创办，它通过文字、图像及语音的人机交互技术与自主研发的多模态情感识别模型，打造了能读懂、看懂、听懂、有记忆、自学习，理解人类语言与情感的人工智能。竹间智能提供的面试视频分析功能，在 HRBot 面试分析引擎的辅助下，帮助求职者在录制视频简历的过程中呈现优异的表现，提升求职者的视频简历提交率。根据 AI 多模态数据（包含人脸的 9 种表情模型和面试亲和力模型），对求职者的面试视频进行语速及语音情感判定、语义理解等分析，综合评估每个求职者的能力与表现。通过表情、语音和文字语义综合分析面试视频，竹间智能使求职者画像更可信、更准确，帮助主管和 HR 分析、关注到以往可能忽略的求职者细节表现，从而更客观地对求职者进行评价。

5.2.4 工业设计领域

现阶段，情感计算在工业设计领域的应用主要围绕汽车和仿真机器人两个行业。以前者为例，人类自身情感会影响行驶时的认知过程，包括道路评估、路径规划、驾驶决策等。众所周知，如果驾驶员处于愤怒中，其情感会影响他们正常的思维和判断，无法保持理智和驾驶专注度，可能会造成严重的后果。沮丧、焦虑、恐惧、压力等情感如果达到一定的程度，也会出现类似的结果。通过对驾驶员生理信号进行测量，对其面部表情进行观察，或听取驾驶员讲话，可以"计算"分析确定驾驶员的情感状态，以此提高行车的安全性。

（1）情感识别与驾驶状态检测

长期从事汽车与智能交通技术研究与开发的德国工业企业博世 Bosch 推出了一款搭载博世 AI 摄像头的内部监控系统，它能够检测到驾驶员分心、困倦等迹象，可以发现是否有儿童、宠物被遗忘在车内，并提醒驾员注意紧急情况等。驾驶员的转向行为是困倦发作的指标，Bosch 基于方向盘转向角度传感器信息，采用了睡意检测算法，用来帮助识别在长途旅行过程中驾驶员的转向行为变化与疲劳程度。即使驾驶员自身几乎察觉不到的微小转向行为变化，也是其注意力减弱的典型迹象，系统会根据转向行为发生的频率与其他参数（包括行程长度、转向信号灯的使用）来计算驾驶员的实时疲劳程度与情感状态，一旦超过某个固定值便会在仪表板上显示图标，以警示驾驶员需要休息。除了瞌睡检测，系统利用摄像头还能进行分心、困倦、微睡眠检测。通过内部监控系统的面部识别技术，系统还能对驾驶员进行身份识别。根据储存的驾驶员相关信息，系统可以自动设置符合当前驾驶员的个性化舒适体验，如最佳座椅位置、最喜欢的广播电台与音乐、最舒适的车内温度等。

　　Smart Eye 公司作为全球领先的人工智能眼动追踪技术领先开发者，一直在向汽车行业提供驾驶员监控技术（Driver Monitor System，DMS），目的是确保投放市场的每辆新车都能更好地帮助驾驶员克服具有挑战性和危险的情况。2011 年，Smart Eye 公司首次集先进软件及汽车硬件于一身，设计并研发了一整套优质的高性价比汽车驾驶员监控系统（Automotive Interior Sensing，AIS），该系统主要面向商用车及汽车后市场。尽管驾驶员监控系统市场需求呈爆发式增长，但是技术落地过程中仍存在诸多问题，如摄像头和其他感知设备定位不灵活，以视觉为主的驾驶员监控系统技术面临强光或者弱光时性能较差等。Smart Eye 公司发布的 AIS 系统对此有良好的改进，系统通过人眼不可见光的红外技术，主动提供光源，使在过亮或非常黑暗的环境中都能正常工作。同时，系统加入眼动追踪与驾驶员监控软件，通过对驾驶员进行图像采集，尤其是对驾驶员的面部和眼睛进行分析，不但能识别口罩或太阳镜遮盖的面部，而且能通过追踪驾驶员视线、面部情感及头部运动来检测驾驶员的分心、嗜睡和危险行为，出现早期即给予警示。

大多数情感采集与分析环节均以相同类型的数据为基础，但车辆运行过程中驾驶员情感状态复杂多样，包括面部表情、语音、生理信号等，尤其是生理信号数据的采集最为困难，通常仅能依靠佩戴设备来进行采集，在实际运用中很难做到。深圳科思创动技术有限公司开发了一种驾驶人员生物识别系统（Driver Biometrics System，DBS），由摄像头采集影像，采用非接触方式，运用其特有算法对影像进行处理，得到驾驶员心率和血压变化等生理指标。接着，系统利用情感分析技术识别出驾驶员 7 种面部表情（平静、高兴、生气、惊讶、厌恶、恐惧、悲伤）和 4 种精神状态（清醒状态、紧张状态、疲惫状态、昏昏欲睡状态），还可以进一步通过房颤检测、高血压检测等分析驾驶员的健康程度。

（2）驾驶辅助功能

随着汽车行业的发展，人工智能、大数据等技术的应用以及用户需求的不断升级，汽车还承担着将人与物、物与物连接起来的媒介角色，智能汽车领域和传媒领域的跨界融合进入了人们的视野。2021 年 3 月，广汽埃安在杭州举办了埃安 AION Y 的预售发布会。AION Y 型号汽车是一款装配情感自主识别功能的车型，该车可以通过车内摄像头及感应系统对车内驾驶员和乘客的表情及声音进行实时监控，并通过情感计算提供情感歌单自动推荐、疲劳监控等功能。同时，它还可以根据用户实时姿态配合车内环境独立运行，如驾驶时疲劳可切换音乐与调节空调模式对车主进行适时提醒，吸烟时自动查询是否打开通风换气等。

新华网与一汽集团联合开发了以情感交互为核心的"情感流"汽车媒

体智能新闻推荐系统，实现了原有车机系统智能化与人性化的转型与提升。该系统基于生物传感、多模态人工智能等技术集成，使用新华网专属开发的可穿戴智能戒指获取驾乘人员生理、情感状态信息，在驾驶员疲劳特征发生时实时识别、振动、告警。同时，系统会向云端发送驾驶员疲劳信息，云端监测中心可以据此实时更新用户标签，根据驾乘人员当前标签属性，进而准确推送消息以及音乐信息等，形成个性化内容定制。系统利用生物传感及其他关键情感识别与情感计算技术，将软数据和硬数据集成在一起，并通过高精度、高协同以及实时性判断，定制并提供精准化的产品和服务。此外，该系统还突破了车内信息消费单向传播这一传统模式，在信息与人的生理之间形成良好的互动与反馈，达到降低疲劳驾驶所造成风险的同时，也能准确地进行内容推送，极大地提升车载模式用户驾驶体验。

（3）仿真机器人

随着现代科学技术的蓬勃发展，机器人的存在形式不再单一，各种各样的机器人层出不穷。其中，仿真机器人是模仿人的形态和行为而设计制造的机器人，它集成了机械、电子、计算机、材料、传感器、控制技术等技术。机器人要求可以模仿人的一些行为和技能，甚至两腿直立行走，通过对外界事物的观察进行独立判断和决策，以及情感交互控制等由单纯的非条件反射发展来的高级智能行为。大多数通常是基于面部表情等视觉信息进行情感识别，通过面部表情表达情感本来就是人与人互动的典型体现。中国仿真机器人行业本身的发展还处于萌芽期，但是已经有越来越多的设计者关注到了情感因素。

陪伴型机器人也在不断发展，同时陪伴机器人的市场在不断开拓。其中，家用陪护是一个巨大的市场。日本软银集团与法国 Aldebaran Robotics

公司所开发的仿真机器人 Pepper，不同于传统机器人，其具有一定的感知人类情感的能力，也被称作"情感机器人"。Pepper 基于软银集团开发的云端人工智慧技术开发的内置"情感引擎"，能够分析人类的面部表情、语音语调、讲话内容来"读懂"人类情感，从而灵活应对各种情况。Pepper 将 RGB 相机安装于前额及嘴，左眼则设有距离感测器，通过相机分辨人的神情并结合麦克风所识别的语音来猜测人的喜怒哀乐，利用内建的神经网络将摄像头、触控元件及加速度计等感测元件融合在一起，自动检测人的情感反应。Pepper 可根据谈话内容、周围环境、天气情况等变换表情、言语和行动。另外，与主人相处的时间越长，Pepper 就会越了解主人的习惯，也能够更好地理解主人的情感，并做出反馈。

虽然中国仿真机器人行业尚处于萌芽期，但是已经有越来越多的设计者关注到了情感因素。例如，乐聚的 PANDO 机器人是国内首款可与用户进行情感交互的益智编程仿真机器人，它能实现集语言、动作、表情于一体的情感表达，拥有自主模式下的 20 种情感和语言模式下的 24 种情感。PANDO 集成 16 个高性能舵机和多类传感器，经过高精度运动规划验证，具备更强的灵活性，举手投足完全像真人般潇洒自如。对于这些动作，用户还可以通过多终端适用的编程软件进行编辑。PANDO 采用语音交互、情感交互、手势交互、触摸交互、手柄操作、手机 App 操作等全维度交互形式，让 PANDO 像朋友一样给予孩子回应。2022 年 8 月，小米秋季新产品发布会上推出了首款全尺寸仿真机器人 CyberOne。作为小米仿生机器人中的全新一员，CyberOne 搭载了自研 Mi-Sense 深度视觉模组，结合 AI 交互算法，不仅拥有完整的三维空间感知能力，还能够实现人物的身份识别、手势识别、表情识别。CyberOne 在与外界沟通交流方面，搭载了自研 MiAI 环境语义识别引擎和 MiAI 语音情感识别引擎，能够实现 85 种环境音识别和六大类 45 种人类情感识别，能够更好地感知人类的情感并做出回应。

仿真机器人是人工智能实体化的产物，现已完成初步探索与技术积累，与产业应用相结合，在未来前景广阔，可望成为 PC、手机、智能电动车等领域后的下一代移动智能装备。

5.2.5　科技传媒领域

社交媒体平台已经成为民众表达自身观点的主要渠道之一。通过分析在线用户的文本数据，调查网络舆情中情感偏好的相关研究不胜枚举。大到政策推行、国内外局势，小到新产品发布、公共突发事件等都可能引发大规模舆情，利用内容分析、情感分析的方法，结合矛盾心理测量、社会网络分析法等心理学、社会学等的研究方法，把握舆情动向，开展社交媒体用户日常情感监测、特定事件网络舆论情感分析、企业品牌舆情管理、广告与视频情感计算等已经成为学术界、公共管理机构、企业等获取民众真实想法的可靠途径。随着人工智能的应用，情感计算技术已逐渐渗透到交互视频、交互广告，甚至游戏、影视等传媒领域。

（1）企业舆情监控

情感分析借助计算机程序可以自动探测文档中体现的情感。情感分析可从文档级（Document Level），句子级（Sentence Level）和方面级（Aspect Level）展开。社交媒体上的信息传播是用户参与程度高、互动程度深的过程，情感在其中起着举足轻重的作用。作为沟通和交流的主要媒介之一，社交媒体平台上用户表达情感的方式丰富多样。崛起的社交网络平台每秒钟都在创造大量的数据，每个帖子、评论、"点赞"的背后都代表着人类情感的实时表达。

腾讯企鹅风讯、百度舆情和七麦数据等舆情监测系统，主要针对市面主流应用 App，利用分布式爬虫从各大应用的主流论坛、微博中抓取用户点评，将抓取到的信息进行汇总、智能分类和报表输出。舆情分析系统可以简化操作，收集用户口碑，为项目节约人力，同时提供专业运营质量分析。

唯品会搭建了一个由情感分析、文本分词、词频分析和分类分析等 4 个核心系统功能模块组成的专属舆情监测系统。其中，在情感分析方面，系统搭建了基于字典的情感分析单元，把字典划分为正面肯定情感语料库、负面否定情感语料库，以及干扰语料库 3 个类别，并在此基础上添加了一些面向电商的行业词汇。在舆情系统中，情感分析模块可以自动将每一条评论信息划分为极好评、好评、中评、差评、极差评 5 个等级，对应 5 ~ 1 分值。当对某一周期全部点评进行打分时，系统将统计综合平均分值（ 1 ~ 5 ，相应为 1 ~ 5 星 ），与一些应用市场上对 5 星的等级评价结果相近。通过情感划分可以看出，用户对唯品会的总体满意程度。使用情感分析功能，可以帮助唯品会对目标顾客进行态度评价，理解顾客对品牌所持有的情感极性，有助于企业对网络口碑深入理解，从而为企业决策提供强有力的参考。通过舆情监控系统对网络口碑与企业形象进行监控，实施在线化服务并掌握舆情态势，可以帮助唯品会理解事件的特征，梳理其发展脉络与趋势，及时掌握相关舆情的变化，并以此为基础，根据事件中负面情感爆发的成因、话题倾向等特征，进行事前预警，较好地进行专业应对及处置。

（2）互动视频和广告

情感计算技术广泛用于互动视频和广告效果测评。由于情感在一定范围内左右着消费者对商品信息的取舍，并影响他们对商品的印象与思考，可以认为，情感在本质上对消费者的购买动机和行为起着催化剂作用，利用情感说服消费者去购买产品和服务是广告营销的一种方式。当用户达到了情感共鸣，他们会更容易产生购买动机和行为，广告才会真正实现商业变现。

Sightcorp by Raydiant 定位于户外广告、数码标牌和店内分析领域的匿名受众情报专家，其将最新的计算机视觉和深度学习研究转化为商业易用的软件解决方案，为全球顾客提供准确和可操作性的实时受众洞察。该公司基于专有深度学习模型和人脸分析库，可实现人脸任意视角和距离的检测。同时，通过人口属性判别（如性别、年龄等）进行数据采集和梳理，有助于不同广告商进行定向和精准投放，为区域广告商进行定向广告投放提供了可能性，特别是针对线下业务广告商来说极具价值。

竹间智能发布的 Emoti-Ad 广告效果分析系统能够通过图像 AI 技术分析受试者对视频、广告的真实反应。Emoti-Ad 能够识别人的九大类情感，还可以判断被试者在看视频、广告时是否集中注意力。互联网广告通常采用用户标识（即 cookie 映射）与用户身份相对应，通过对用户标识进行跟踪，观察用户网上行为表现。根据用户标识的情感数据的计算，系统为广告实现个性化及高效率的广告投放提供依据。

MorphCast 是一个互动视频平台，它融合了功能强大的面部情感人工智能技术，可对 130 余种面部表情及特征进行探测与分析，并可根据受众的情感、注意力水平、参与度等对视频内容进行自定义，以提高视频互动性。每一种面部表情所激活的肌肉是不一样的，所以深度学习人工智能可以识别出基本情感，如悲伤、快乐、愤怒、厌恶、恐惧、惊讶或蔑视等。用户也可以设置互动式在线学习内容，满足学习者对互动、注意力水平以及出勤率等需求，使教育培训更有效。MorphCast 作为一种十分灵活和用户友好的工具，也可用于构建概念验证（Proof of Concept）和真正创新的产品。

传统洞察情感方法成本较高，耗时较长，没有清晰的衡量标准。情感人工智能作为一种创新技术，能够满足大规模测量客户未经筛选和无偏见的情感和认知反应，且不会引起客户过多的注意。通过对客户不能说或不愿说的潜在情感进行分析和抽取，再将所得分析结果应用于改善品牌体验、与客户建立更积极的商业关系、优化营销方案等。Affectiva 公司的情感人工智能技术可以在征得客户同意的情况下，以不引人注意的方式，通过分析面部动作来了解复杂、细腻的情感和认知状态，大规模地测量客户未经过滤的、无偏见的情感和认知反应。软件借助计算机视觉和深度学习，由云端或设备提供并支持媒体分析和其他方面的各种不同应用。在广告测试时，Affectiva 会测量观众观看广告时的面部情感表达，用户可通过仪表板直接观察和分析。整个过程除 Affectiva 所提供的系统之外，只需要接入互联网和安装标准网络摄像头，操作简单，使用方便。在媒体内容测试方面，Affectiva 拥有解码受众反应的能力，能识别娱乐传媒内容中某些关键情感时刻，帮助编辑更有吸引力、关注度更高的节目。Affectiva 还可以在电影、流媒体和电视中发现关键情感时刻，有利于创作者持续接收受众反馈信息，对内容推广过程进行灵活持续地优化。

（3）股价预测

有研究发现，投资者情感和股票收益互相影响和制约。现代金融理论以资本资产定价模型为基石，以有效市场假说为支撑，股票市场会实时对信息做出回应并调整估值或股价。价格的变动依赖信息，尽管资讯变幻莫测，但是近年研究表明，在浩如烟海的网络媒体内容里，能够挖掘出新信息的"蛛丝马迹"。从另一个角度来看，尽管股票市场价格的变动依赖于新资讯的传递，社会总体情感状态也会对价格产生影响。因此，股市个股的价格不仅是由其内在价值决定的，在很大程度上受投资主体左右，投资者心理因素和行为也在影响着股价的变化。

英特尔公司采用纽约时报存档（NY Times Archive）收集了《纽约时报》10 年内的新闻文本资料，并用自然语言工具进行了情感分类和分析，再将分析结果引入机器学习模型来预测道琼斯工业平均指数（Dow Jones Industrial Average，DJIA）。2021 年，英国伦敦布鲁内尔大学和英国 ALA（Advanced Logic Analytics）公司联合使用高效市场特定语料库生成情感识别自动化技术开发了基于情感的预测算法，以研究情感对股市走势相关决策过程的影响。

5.2.6　公共治理领域

进入 21 世纪，人工智能研究与应用在多个领域迅速崛起，特别是机器学习、情感分析、文本挖掘和模式识别等技术，已经逐步渗透到社会治理的多个环节之中。

在刑侦、审讯等过程中，判断被问询者语言的真实性至关重要。穿戴式设备、眼球扫描追踪、网络摄像头等多种新型工具，被用于收集面部微表情、身体语言和语音数据，通过生理数据和面部微表情等分析情感变化、语言线索，辅助判断采集信息的可信度。

（1）国外应用情况

Converus 公司推出的产品 EyeDetect 是新一代的眼球测谎仪，可通过测量参与者的瞳孔直径、眼球运动、眨眼、注视及其他体征的变化来检测其是否说谎。测试期间，参与者被邀请在计算机上回答真假问题，高速摄像机记录眼睛的行为和运动。目前，EyeDetect 已被 50 个国家的 600 多用户使用，包括 65 个美国执法机构。Silent Talker 是首批投放市场的 AI 测谎仪之一，它以训练数据集为基础，利用监控系统对被测者从眨眼的速度到头部的角度约 40 种物理"通道"监控，每秒多次测量面部动作和姿势变化，寻找与训练数据相匹配的动作模式。软件假设与欺骗行为相关的某些心理状态会在欺骗时驱动非语言行为，这些行为包括认知负荷（撒谎所需的额外精神能量）与欺骗快乐（一个人从成功的谎言中获得的快乐）。位于纽约的保险公司 Lemonade 成立于 2015 年，其主要业务聚集于移动端，开发了一套 AI 测谎系统，要求客户将索赔原因以视频形式在申请时提交，而后通过机器学习软件和自动化决策，帮助鉴别客户的信用评级，监测客户是否存在欺诈性索赔行为，最后判别是否通过理赔。位于蒙大拿州的 Neuro-ID 公司的研究者证明了鼠标运动和情感之间的相关性，表示欺骗性可能会增加运动的标准化距离、降低运动速度、增加响应时间，以及导致更多的左键点击。基于这项研究，Neuro-ID 利用鼠标移动和点击键进行人工智能分析，以帮助银行和保险公司评估欺诈风险，为贷款申请人分配 1 ~ 100 分的"信心分数"。当进行在线贷款申请的客户需要额外的时间来填写家庭收入字段时所发生的移动鼠标，系统会将其纳入其信誉评分。

国防安全等领域也开始利用情感计算技术提高科学性和有效性，如边境检查站威胁情境检测、公共场所安全监测等。推特等社交网络也成为追踪和识别恐怖主义的良好信息来源，应用情感分析、文本挖掘技术来分析推文的非结构化内容，为应对恐怖主义带来的社会威胁提供了一个新的渠道。

Discern Science 公司的阿凡达（AVATAR）是一款实时真相侦测和评估的系统。它配备了专有算法来处理和分析访谈时产生的复杂信号。作为一款非入侵式测谎工具，阿凡达的传感器能在对话的距离内无形地收集被访者的信息，且不会对受试者本人造成任何伤害。已在欧洲、加拿大和美国的机场入境口岸接受了严格的基于地面实况的科学研究，旨在使边境安全的检查过程更加有效，更准确地找出危险或非法意图的人。测试时，屏幕上会出现阿凡达的虚拟形象，并向旅客提出一系列预先配置的问题，通过拍摄记录每个人的反应，分析包括他们的面部表情、语气和口头反应在内的信息发现异常。然后，阿凡达评判真伪，并把它们分成绿、黄、红 3 种颜色，被列为绿色者不需要再接受审查，其他人则需要接受人员查询。

（2）国内应用情况

深圳市力维智联技术有限公司的心理与情感识别系统，可以使用摄像头传感器通过非接触式方式，获得无法主观控制的生理指标和微表情、微动作信息，使用二维情感模型通过机器学习技术，对人类情感紧张程度进行判断，对是否撒谎和谎言背后的真相进行分析。与传统情感识别产品需佩戴多个传感器且便携性不高等相比，心理与情感识别系统通过非接触方式获取数据，携带方便。针对传统审讯模式不能在多区域同时进行同步审讯测谎状况，该公司还推出了心理与情感识别系统网络版，可支持大量审讯室、谈话室设备布放及同步审讯，可分析同时出现的讯问实时视频，反馈有关心理变化的过程。南京云思创智信息科技有限公司是一家提供多模态情感分析系统的产品与解决方案公司，其产品已用于公安、海关、金融等机构，在图像、声纹、微动作、人脸识别的基础上搭建了沉思者多模态算法开放平台，以实现多模态数据的分析与建模。基于沉思者算法平台，公司还进一步搭建了多模态数据采集器凝瞳和多模态数据应用产品灵视。北京阳光信泰电子科技有限公司专业从事数字审讯、数字法庭、数字公安等专业设备的开发、制造、销售与应用，发布了阳光信泰微表情心理测试分析系统，以计算机视觉处理技术为基础，融合犯罪心理学与认知心理学的理论学习，利用非接触式心理情感检测方法，协助侦查讯问人员实时收集嫌疑人心理情感，以毫秒级的快速响应实现瞬态情感的记录、统计、分析等功能。同时，系统可以对其进行实时和事后的分析研判，给出包括情感解读、认知危险警告统计、心理优势度解析数据总结、情感分布统计在内的分析研判报告。

情感计算在智能安防领域也具有广阔的应用前景。目前，中小学校园已不同程度地建有传统的校园安全相关信息化设备设施，如校园安防监控、阳光厨房、校车监控等系统。但是，由于系统间缺乏联动，这些应用基本上都是孤立、单一的业务体系，缺乏行之有效的联动监管技术手段。随着人们对校园安全控制思维的演进、人工智能应用场景的丰富，校园安全控制保障技术已不囿于传统信息化手段。

基于清华大学电子系媒体大数据认知计算研究中心主任王生进院士团队的 AI 前沿技术研究成果，清华大学技术产业化实体——华慧视（天津）科技有限公司提出"AI + 情感描述"，开发引领情感描述的人工智能和机器学习技术，并计划将其运用于校园安全防控系统中，现已在佛山五所中小学校开展了示范运用。研发项目教师与学生心理发展趋势预测与预警 AI 引擎，包括多模态识别、智能视频检测、校园安全形势计算、大数据分析等四大跨媒体智能技术体系，基于人脸识别算法、表情识别算法、情感描述、视频行为计算、学业形势计算、社交模型、教师与学生校园画像模型的多模态机器学习算法，可实现教师与学生的心理发展趋势预测。对校园时间、空间环境实现网格化隐患排查，结合多通道、多模式的数据汇聚路径，多物联设备互联互通的安全态势汇聚，通过大数据分析的智能化决策实现校园安全态势计算，构筑智慧校园安全防控生态模式。基于佛山市教育局自身安全教育开展现状，佛山市中小学校校园安全智能综合管理平台在人脸识别、行为分析、表情识别、情感描述、心理预测等现代化人工智能技术的支持下，能够实现精准督察、过程留痕，决策有据、指挥联动，形成预警为主、主动干预的校园安全管理新模式。依托情感 AI 赋能，可以实现表情识别、情感描述、安全预警模型以及边缘计算能力的构建和应用，促进校园安全智能化与 AI 心理干预深度融合，为校园安全管理工作提供新的有效的技术支撑。

第六章　未来趋势

在全球科技革命和产业重塑的当下，前沿科技对经济社会发展的影响比以往任何时候都更加显著，同时经济社会需求也成为催生前沿技术的重要推动力。随着情感计算技术的不断进步，技术催生产品，产品又在被用户使用，进而随着用户的使用，反过来帮助情感计算的技术取得快速的自我迭代和进化。

在本章中，我们试图预见下一阶段技术走向，同时对行业应用的前景进行展望。以发展的眼光和广阔的视野，从更高的维度思考当前遇到的问题与破题的路径。

6.1　下一阶段技术走向预见

人工智能发展到今天，已经越来越接近人的认知模式和智力水平。但是，为了进一步实现人类心智与情感的数字化，实现人工智能"智商＋情商"的发展目标，科学家还需要在数据集、策略、建模、仿生、应用模式等领域继续开展研究。这些方面的最新成果也将是下一步发展新一代人工智能的关键。

6.1.1 高质量、大规模数据集的构建

目前，在全球主要的情感智能数据集中，按数据承载的信息形态可以分为文本数据、语音数据、图片／视频数据以及其他数据。

目前，在文本数据集方面，需要面向中文构建更大规模、更高质量的数据集。语音数据集和图片／视频数据集普遍质量较高、规模较大。但是，图片／视频数据集的主要问题集中在与海量数据处理相匹配的高效算力实现方面。图片和视频的差异在于内容时间的长短。目前，科研技术领域在图片的情感识别技术上的发展已经基本成熟，但是在视频方面的技术开发和应用上依然颇具挑战。基础视频每秒包含 24 张连续时点（帧数）的图片。计算机判断视频中人物的情感就是运营超常的算力对每一帧进行分析，并按时间排序而形成。这也导致了对视频内容进行情感识别需要充分考虑情感随时间推进的动态性，以及这种动态波动所导致的情感类型无法确定的问题。同时，人类的情感在每一时点不是单一的。因此，对视频尤其是在长时程监测过程中对动态且多情感类型融合状态的整体情感识别，需要大量的算力和数据的有效传输。

现有的生理数据集主要包括英国伦敦玛丽女王大学研究组的基于生理信号的情感分析数据库（DEAP 数据集）、穆罕默德·苏莱马尼（Mohammad Soleymani）等和日内瓦大学计算机科学实验室的 MAHNOB–HCI 数据库、上海交通大学吕宝粮团队的情感脑电数据集（SEED）等。这些数据集的规模普遍较小，这在一定程度上限制了深度学习算法的训练。因此，需要构建更大规模的情感生理数据集来突破这一限制。

目前，人类不同于机器的重要特征有两个：一是人类在社会环境中处于多种模态共存的场景，这一特征具体表现为通过语言、表情、语音、动作等来共同表达意图和情感；二是人类在处理情感时具备模态间切换的情感推理能力，可以切换不同模态来寻找线索，并通过相互关联，以进行歧义消除和情感推理。因此，多模态大规模情感数据集的建立，有助于开发更加类人的情感智能技术，实现更加精准的情感识别。

6.1.2　零 / 少样本学习或无监督学习方法

近年来，在情感计算研究领域，深度学习取得了巨大的突破。深度学习能够很好地实现复杂问题的学习。然而，深度学习最大的弊端之一就是需要大量人工标注的训练数据，而这需要耗费大量的人力成本。目前的模型过于依赖大量标记数据，其性能受标记数据量的影响很大。即使数据得到了标记，其准确性也有可能受主观因素的影响而难以保证。因此，需要开发更加有效的小样本学习算法以及无监督深度学习算法，特别是模拟人类对从未见过对象的认知过程，开发零样本学习的方法，通过训练类与测试类之间的知识迁移来完成学习，从而推动情感计算在更广泛场景中的应用。这是一个非常值得研究的方向。

6.1.3　多模态融合技术创新

多模态融合是在多模态表示的基础上，联合多个模态的信息，进行情感分类。根据是否与特定的深度学习模型相关，一般可以分为两大类：模型无关的融合方法和基于模型的融合方法。前者不依赖于特定的深度学习方法，而后者利用深度学习模型能够显式地解决多模态融合问题。

模型无关的融合方法可以分为早期融合（基于特征的融合）、晚期融合（基于决策的融合）和混合融合（基于前两者混合的融合）。早期融合在提取特征后立即集成特征（通常只需连接各模态特征的表示），晚期融合在每种模式输出结果（如输出分类或回归结果）之后才执行集成，混合融合结合了早期融合方法和单模态预测器的输出。3 种融合方法各有优缺点，早期融合能更好地捕捉特征之间的关系，但容易过度拟合训练数据。晚期融合可以更好地处理过拟合问题，但不允许分类器同时训练所有数据。尽管使用混合多模态融合方法非常灵活，但是当前的许多体系结构需要仔细设计何时、何模态以及如何可以融合，这需要研究者根据具体应用问题和研究内容酌情选择使用。

基于模型的融合方法是从实现技术和模型的角度解决多模态融合问题，常用的方法有 3 种：多核学习方法（Multiple Kernel Learning，MKL）、图模型方法（Graphical Models，GM）、神经网络方法（Neural Networks，NN）等。这些方法的优点是能够很容易地利用数据的空间和时间结构，特别适合与时间相关的建模任务，还允许将人类专家的知识嵌入模型，使模型的可解释性增强。其缺点是计算代价很大，在现实中较难训练。此外，科学家还提出了多阶段多模态情感融合方法。具体的过程是首先训练一个单模态模型，然后将其作为隐含状态与另一个模态特征拼接再训练双模态模型，以此类推得到多模态模型。总而言之，多模态融合技术能够有效利用不同模态信息的协同互补，增强情感理解与表达能力，提升模型鲁棒性和性能优越性。这是未来研究的一个重要方向。

6.1.4 多模型推理

单个模型的输出结果可能不可靠甚至不正确，从而导致错误的决策。为了解决这个问题，多模型联合推理是一个有效的解决方案。多模型融合可以有效地结合多个模型的优点，充分利用模型信息之间的互补性来克服单模型表达信息不完全的局限问题，使决策更加具有稳定性和鲁棒性。采用合适的融合方法是多模型联合决策的关键。其中，比较有代表性的 D–S 证据理论是贝叶斯理论对主观概率的推广，而且因具有对不确定知识进行建模的能力而得到广泛应用。D–S 组合规则允许来自不同来源的信念相结合，以获得考虑所有可用证据的新信念，因此它可以很好地处理信息融合问题。

6.1.5　认知神经科学启发的情感计算

虽然人类在情感心智方面已经积累了大量的理论和应用技巧，但是总体而言，人类情感心智在意识过程、进化过程、交互过程中的各种具体作用和影响还被蒙着一层神秘的面纱。例如，虽然通过詹姆斯–兰格理论的指导，情感会影响人的自主神经系统，但是这种影响背后的生物学基础及进化含义却尚未完全揭开。在机器实现情感心智时，这种影响机制是否需要被考虑，从而完善机器各系统的整体效能，就成为一个尚待解决的问题。

人类大脑情感加工的认知过程、神经机制及其解剖学基础为开发情感计算模型提供了关键启发。正如受生物视觉处理过程启发的卷积神经网络架构、受心理学行为主义理论启发的强化学习方法、受神经可塑性启发的脉冲网络模型等，认知神经科学启发的情感计算模型和算法创新，将为赋予机器以功能类脑、性能超脑的智慧灵敏反应能力提供可能。由此可见，人类在认知神经科学领域研究的深化，将最终关系到情感计算乃至整个人工智能的发展进程。两大学科领域之间的有效衔接也已成为以脑计划为代表的诸多大科学工程所关心的重要主题。

6.1.6 跨文化情感识别

随着各地区人口迁移和文化交流的日益加剧，含有多重文化背景的情感信息涌现。例如，在上海写字楼中，经常能听到白领人群用中英混杂的语句来表达各种职场所闻，其中就包含着大量中国和英语国家的双重语言文化。目前，对这样的情感信息而言，区域性情感数据集的样本量是远远不够的。这也进一步导致现有的各类情感计算在识别相关人群情感时会产生偏差。

目前，从技术手段来看解决上述问题的思路有两种：一是人为地通过采集更多的数据并进行融合，形成更加全面的跨文化、跨民族人群的情感数据集；二是基于现有数据集进一步使用深度学习，并通过在不同的场景和环境下各类人群的情感计算交互应用，实现自我迭代和数据集完善，使其更全面。从效能上来评估，显然后者更具有应用意义。

6.1.7 数据与知识驱动的技术革新

对人类个体而言，对数据的理解一定激活了相关联的其他信息，这些信息是一种潜在的知识或常识，人脑可以将数据与知识巧妙地结合起来，可以实现面向复杂问题的更加通用、智能、节约的计算。浙江大学吴飞教授认为，今后的科学计算或者人工智能计算一定是领域专家和数据的驱动相结合，形成场景人工智能或者解决场景的任务。情感计算也将逐步进入数据和知识双驱动时代：一方面需要从数据里吸取知识，随后基于知识作决策和服务；另一方面不能一味从数据里发现知识，一定要有知识指导计算过程。

6.2　行业应用展望

　　情感计算是一个多学科交叉的研究领域，其最终目标是赋予计算机类似于人的情感能力，为人类提供更友好的、更高效的服务。未来，在管理领域，通过情感计算沟通领导者与员工之间的情感，通过干预、协调等，进而提升企业的整体效率；在商业服务方面，通过客户评价文本，解读客户的情感并进行精准营销，在满足客户需求的同时实现商业价值；在健康领域，基于患者的情感数据分析结果，进行心理疾病的诊断和预测，并辅以积极干预等。除此之外，情感计算还将在科技传媒与社会治理领域有越来越多的应用，也将更深刻地渗透于智慧服务、虚拟现实与科艺融合等领域。

6.2.1　人机"双师课堂"

　　在学生学习行为中，情感是一个重要的驱动因素。情感计算可以为学生情感状态分析、学生情感作用机理研究、人性化服务与产品设计、营造和谐人机交互等提供可能。人机协同教育利用教师和人工智能不同的优势促进学生个性化发展。在新一代人工智能环境中，教育机器人能够直接为学生提供学习服务，在灵活应用学习资源的同时记录学习进程，并对其学习质量进行跟踪，支持深度个性化的智慧学习。2017 年印发的《新一代人工智能发展规划》指出，运用智能技术，加快人才培养模式和教学方法改革，建设包括智能学习和交互式学习在内的新型教育体系。2018 年出台的《教育信息化 2.0 行动计划》也强调，智慧教育创新发展行动应加强智能教育助手、教育机器人、智能学伴和语言文字信息化等关键技术的研究和应用。同年 11 月出版的《人工智能 + 教育蓝皮书》指出，智能机器人能够为智能学习过程提供支持，而智能教师助理则会取代教师们每天重复、单调和有规律的任务。

在课堂上，新型"双师课堂"是人工智能教育机器人与教师一起担任教学工作，由人工智能教育机器人分担教师部分教学任务、提供个性化学习服务等新类型课堂模式。随着情感计算的发展，如何通过建立富有情感表现力的智能体，部分替代教师进行情感交流，是目前教育领域研究的重点。情感智能体主要有虚拟与实体两种，在教学过程中发挥着虚拟情感教师与情感化助教机器人的作用。情感智能体辅助下的新模式是一个复杂的多模态人机交互体系，通过运用情感计算技术达到感知、识别与干预学生情感的目的，给学生带来个性化的、自然协调的情感交互。

以人工智能教育机器人为支撑的新"双师课堂"构成师生间引导-反馈交互关系的闭环服务支持系统。人机"双师课堂"中，由教师对人工智能教育机器人提出要求，人工智能教育机器人做出响应，并将有关结果反馈给学生。在课堂情况监测中，机器人能通过情感计算技术对学生操作进行信息识别，也能通过生物特征识别对学生表情进行分析，对学生的实时学习状态做出判断，并将处理和分析后的课堂数据展示给教师。人工智能教育机器人帮助教师针对学生学习特点，按照知识点和类别选择各种资源，对影音视频、参考文件、考试、作业等在可控的前提下做出早期选择。在教学内容结束后，人工智能教育机器人基于课堂提供多终端回馈信息，实时展示个别学生评价报告和全班学生学习状况，并对学生表现进行分类，为下次做教学设计提供可供参考的依据。在情感计算技术支撑下，通过对机器人外观功能的不断优化，机器人可以做出与真人类似的行为和表情，增加机器人与学生、教师的"共情"能力。

教育机器人的研发尚处于初级阶段，各项技术成熟度并不一致，语音识别计算、基于知识图谱进行个性化学习推荐、基于计算机视觉进行情感计算等仍处于实践探究阶段。与此同时，引入实际教育体制时出现了诸多困境，主要表现为缺乏健全的课程标准和评估机制，缺乏充足的教学内容资源，缺少可熟练应用机器人教学的师资，缺少利用教育机器人"双师课堂"的应用研究来推动人工智能教育机器人同课堂的深度结合，等等。

6.2.2　智能养老陪护

随着社会的发展和医疗水平的进步，人均寿命不断延长，人口老龄化问题日渐凸显，养老陪护已成为亟待解决的社会问题。越来越多的学术研究聚焦于人工智能技术驱动下陪护机器人系统的研发。

缺乏子女陪护和关爱的老人普遍表现为失落感、孤独感、心情烦闷、焦虑等心理健康问题。针对老年人的心理健康问题，现有的传统服务形式主要有医疗机构、养老机构和心理咨询机构提供相应的服务。医疗机构往往更重视药物疗效和仪器检查结果，对老年人心理问题关注不足。养老机构提供的陪护服务互动性较强，但不同机构的服务质量存在差异，护理费用也是一笔不小的开支。专业的心理咨询机构能够帮助老人排解不良情感，提供对精神问题的早期识别和预防，但此类机构在国内尚未广泛普及。

在此背景下，在老年健康管理、养老陪护等领域，越来越多的智能设备如信号传感器、可穿戴检测设备、智能护理床、健康服务机器人等相继出现。人工智能设备通常采用3种模式。一是日常化的陪伴。人工智能设备陪伴老年人，进行日常沟通、情感安慰等。二是消极情绪的识别与干预。老年人在抑郁或者悲伤时往往在语言和行为上会有所改变，例如，老年人平时沟通的语气由富有精神变得单调无力，说话的频次和内容量都有所降低，与子女的互动次数变少，等等。人工智能设备可以通过对语音、语调数据的分析，通过算法计算发音模式的变化，通过与老年人的智能手机的连接，获取其在社交媒体和电话上的活动情况，综合检测其的情感状态，并通过量化指标的评判给医护人员和子女发出提醒，以便早期进行有效干预。三是辅助生理健康监控。人工智能设备可以通过摄像头监控、语音识别、姿态估计等多模态技术，对老年人的安全状况进行评估，并据此提供用药提醒、安全监护等服务，改善老年人的生活质量，提高生活水平。

空巢老人心理特征更为复杂多样，对情感更为向往与依赖。在智能产品使用过程中一旦碰壁，很容易产生自我否定等消极心理。在老年用户与技术互动的过程中，既要运用现有技术来适应他们由于年龄在感知、认知、行为等方面的衰减与局限，又要进行适应性设计。若能主动地感知用户的情感与意识，赋予机器自然的情感，则可以更好地理解用户的行为意图，为老年用户提供贴身关怀。2021 年，西华大学祁娜和李佳探索了空巢老人特殊群体情感产生与反馈的关系，研究了老年人群的情感需求特征，通过情感信息的接收、识别与分析，对用户情感信息进行特征提取，构建空巢老人情感交互 Agent 模型，推导出用户的情感反应示意图，最后运用情感计算理论研究空巢老人智能化陪伴机器人设计的流程，为空巢老人提供更多的关怀与陪伴。目前，为空巢老人设计的智能陪伴型机器人仍处于起步阶段，产品功能也在不断摸索之中，尤其是对用户的情感交流多局限在单向的语音命令，缺乏对用户更深层次的情感挖掘。情感计算为养老陪伴机器人的设计提供了新的思路，情感交互 Agent 模型也可为同类产品的系统设计开发提供指导。

6.2.3　增强现实应用

在现实世界上叠加数字虚拟图像并与人类进行交互，这就是所谓的增强现实技术。增强现实使用户和产品之间建立了深层"连接"，令世界变得更加"智慧"。用身体感受数字世界，是增强现实技术带给我们的独特体验。情感计算可重构当前的增强现实技术，帮助我们认识一个全新的世界，帮助设计师创造新层次的产品体验。例如，通过手机使用增强现实技术，乘客就能浏览机舱等更多信息，同时进行情感互动，可以建立一种新的飞行体验。情感计算与增强现实技术融合，可帮助我们突破空间限制，获得可视化信息，可让地图呈现更立体、更丰富的真实影像。在情感计算辅助下，人机互动更真实，在为用户提供信息价值、情感体验的同时，创造出新的商机。

情感计算让增强现实技术界面设计更智能、更懂人，避免用户被大量、繁杂的信息包围，产生负面情感。虽然技术能同时展现众多元素，但是如果错误使用，则会造成信息超载。信息超载会带来负面的用户体验，是增强现实技术设计时需要加以关注的。一个好的设计会去除对用户不重要或用户可能不感兴趣的信息，情感计算技术可以辅助、引导增强现实技术的智能化使用。未来借助情感计算技术，可以使增强现实技术更先进、更加个性化。当前增强现实眼镜虽然提供了新的呈现形式，但缺乏情感智能，如果能够通过情感计算技术赋予增强现实眼镜"智慧"，更好地理解用户的情感等需求，"看见"用户真正想要看见的，个性化功能就可以更上一个层次。在不久的将来，用户戴上增强现实眼镜，传送到他们视网膜上的内容完全根据他们的情感和需求量身定制，那将是一种全新的体验。

6.2.4　情感触觉

多数已有的情感交流技术都是利用文本、语音、手势、面部表情等信息来进行传达，或者将这几种方法结合起来进行多模态分析，这类技术仅使用人的视觉与听觉两种感官。虽然触觉对人与人之间的沟通起着重要的辅助作用，但是针对运用触觉进行情感沟通的研究较少。我们可以利用触觉与别人分享自己的情感并加强视觉或者语言交流中的其他含义。人类的情感可以被唤起，而触觉是最能激发情感的渠道之一。因此，把触觉引入计算机来进行情感交流或许是一个必要的发展趋势。

情感触觉作为一个创新型的跨学科研究方向，其研究重点在于设计可以通过触觉来探测、加工或者展示人情感状态的装置与系统。情感触觉由 3 个相辅相成的交流渠道构成，分别是触觉、热觉与运动觉。学者对情感触觉学的界定是一个涉及"通过人的触觉系统获得人的情感，对与情感有关的触觉数据进行加工以探测情感，并通过触觉界面展示情感反应等方面的研究范畴"。情感既可完全由触觉传递，又可在多媒体系统中同听觉、视觉等感官展示相协调、融合。

情感触觉技术的应用范围非常广泛。以在线学习应用为例，学习者在厌烦、郁闷或者生气的时候，可使用情感触觉刺激的方式再次激发他们的学习兴趣；在心理健康方面，可以通过利用触觉识别患者情感状态并进行适当的安抚。关于情感交流，越来越多的研究方向聚焦于利用机器人实现情感交互，包括数字宠物在内的伴侣机器人，利用情感触觉提升真实感和提供与人相似的较高质量情感互动。另外，情感触觉技术还可以用于医疗保健（如用于抑郁症与焦虑症的治疗，或者用于自闭症儿童辅助交流系统的辅助技术）、情感与协作性的娱乐与游戏、在线沟通、社交与人际交流、心理测试等。

6.2.5　智能安防

目前，通常使用的犯罪评估工具在形式上以统计精算评估和结构化临床评估为主。统计精算评估方式主要是以相对系统、静态的评估因子组成的评价体系，常用的有 OGRS 量表、SARN 工具等。这类工具由于将大量因子纳入评价体系，数据量庞大，数据收集和评估均耗费大量的人力和时间，许多指标的数据来源为自评自述方式，容易受到主观偏差影响。结构化临床评估主要是心理量表的形式，包括 PCL-R、PPI 以及专门针对青少年的 PCL-SV 等，但这种方式存在题量大、评估耗费时间长、对测评人员要求较高，且因果关系与机制难以解释等局限性。

随着人工智能技术的快速发展，基于情感计算技术开发的犯罪风险评估工具在一定程度上可以解决传统工具的局限性，这类工具主要采用摄像头等装置进行数据采集，再进行计算机视觉技术的处理，可显著改善传统工具的耗时和数据失真问题。

重庆大学王瑞虎和房斌就面部表情的情感感知技术应用到视觉智能监控系统上进行了相关研究。通过分析各种安全场景摄像头捕获的实时图像，该系统可以分析人的面部表情，感知情感状态。此类智能监控系统与传统监控相比，更注重通过及时干预来预防犯罪或其他风险的发生。同时，情感计算技术在犯罪风险评估领域的研发也在逐步展开。一般犯罪风险评估包括由临床心理学家与精神病医生主导的临床评估、统计精算评估、将临床评估与统计精算评估结合的结构化临床评估、自评问卷评估等。犯罪风险评估类型以暴力风险评估、反社会行为风险评估为主。以情感计算技术为支撑的犯罪风险动态评估工具，能够有效解决个体内差异性评估的数据采集、被测评者因社会赞许性而结果失真等问题。

在刑侦、审讯等方面，情感计算技术也具有较强的应用潜力。一场审讯成功与否的主要标准是能否获取嫌疑人的真实供述。当前，犯罪手段更加隐蔽，取证工作更为艰难，获取嫌疑人的口供已经成为制约侦查的瓶颈。

在人工智能时代，运用科技手段辅助侦查人员执行复杂而缜密的心理分析、策略制定及推送、口供甄别等智能性的审讯任务已经成为可能。微表情、生理信号等难以作伪的数据可以转化为量化的可分析指标来指导审讯。研发智能化审讯技术，提高审讯的质量和效率，将为有力打击犯罪、维护社会治安提供新的工具。

在刑侦、审讯等领域中，智能微表情情感分析或将是未来研究和应用的重点。经过 10 年左右的发展，在微表情的检测和识别方面取得了一些进展，但是目前绝大部分微表情分析是针对在实验室或者受控环境下采集的微表情样本来进行的，如何设计出可以检测、识别与分析自然产生的微表情的有效方法，仍然是一个亟待解决的研究方向。在微表情数据集构建方面，仅仅使用诱发的范式进行采集很难创造大规模的数据集，一种趋势是充分利用来自社交媒体的大量视频，并通过对其进行微表情标注来扩充数据集。再者，动作单元（AU）与微表情之间是否有 AU 与宏表情类似的对应关系，对这个问题的探索将有助于进一步理解微表情和人类情感表达之间的关系，并为自动微表情分析提供进一步的依据。微表情分析在应用落地方面仍然存在诸多障碍，有待学术界和产业界去共同应对。

借助可穿戴或非接触式的情感 AI 设备，如表情捕捉头盔、生理感应贴片及手环等，可提供更为精准、客观、便捷、实时的测评与心理诊断，满足筛查合格兵员、心理服务预警、战场心理危机干预等多场景需求。目前，实现战场士气实时感知是战场态势全维感知的重要内容。运用新兴技术手段，实现对战场上官兵心理、生理状态监测与士气预警，融入军事综合战斗力计算模型，可增强作战指挥决策的科学性和精准性。美国陆军研制的一种可嵌入未来"武士"军服内的传感器系统，能监测到穿着单兵的心跳、行进中代谢能量消耗、内层皮肤温度以及反应灵敏或迟钝等情况。

只要采集到面部表情、生理参数、语音信息以及姿态行为中的一种或者几种信息，通过融合处理，即可对心理情感状态进行推断，指挥官等通过这个系统，可对士气水平进行评估。英国国防部也一直在研制"新生代武士"单兵作战系统。该系统随身携带生理监测子系统以及能提供人体心理紧张程度、热量状态和睡眠水平的微型传感器，士兵时刻都能掌握自己还有多少持续战斗力，并把这些参数向他们的指挥官和随军医生反馈，便于及时得到生理和心理上的救护。

6.2.6　数智金融

在金融领域，随着信贷从线下转移到线上，信贷审核、客服等都可以通过智能机器人完成。应用了情感算法的语音机器人，可以更自然地和用户进行交互聊天，还能"察言观色"，识别用户交谈时候的情感，大部分用户甚至分辨不出是在与机器对话。还有一个应用是"测谎"，基于用户语音的分析可以提炼语速、语气、说话时犹豫等，进而辅助判断语义的真实度。

长期以来，商业银行运用信用中介功能，通过减轻借贷双方的信息不对称降低资金融通的交易成本，获取或提高交易机会。但是，在互联网迅猛发展的今天，资金融通双方可以直接进行交易，削弱了商业银行信用中介功能。在数字化转型大背景下，对现代金融科技潜力进行预测，情感计算将在商业银行的数字化转型中转型发展。用户的情感信息既隐含着他们潜在的需求信息，也可能蕴含着他们的道德标准与信用信息，提高情感计算在金融领域中的应用价值，可以实现实时地用户情感捕获、危险识别与协助等。就金融服务而言，数字化、智能化的服务水平对于新一代用户习惯的转移和养成极为重要，运用情感计算技术来理解用户真实感受，提高服务效率及产品质量，必将获得更好的用户体验、更高的商业价值。

目前，情感计算所需要的情感特征数据，数量庞大且隐私属性较强，且还需要对照、匹配与计算，若聚焦于服务端则可能造成长延时且占用较多网络带宽，极大地制约应用推广。随着 5G 技术不断发展，边缘计算这一基础技术将起到重要作用。由于边缘计算能满足低延时、可扩展、高效率的要求，如果能结合情感计算，将来一定会具有更加广泛的应用空间。2021 年，中国民生银行研究院郭晓蓓与中国建设银行马磊、吴慧，分别从生态银行建设、高级人机交互、个性化服务、精准化营销推广、风控与监控、安防与监控等方面，对基于情感计算与边缘技术结合拓展金融服务边界，打开新型金融模式，进一步提高商业银行服务效率与品质，进行了探索与研究。他们对情感计算与边缘计算应用于商业银行数字化转型进程中的可行性进行了多种场景的探究提出，除传统物理网点摄像头、自动取款机、专用传输模块（Specific Transmission Modulo，STM）等采集用户情感的物理设备之外，情感计算还可搭载移动传感器（如手机、个人电脑、可穿戴设备等），根据用户授权，对多模态情感信息进行实时采集、分析，通过边缘计算来构建生态银行。银行内或外接系统设备在通过多种传感器采集到用户情感信息之后，利用情感模型对情感状态进行判断。银行系统也可以通过情感分析自动给用户贴上情感标签，获知顾客偏好，调整对应营销方案。不同的图像与声音及其他信息能够引起人的不同情感，系统设备依据用户观看商品或者广告后的反应，通过识别与分析表情、姿态以及语音等情感信息，提供以用户兴趣计算度为核心的产品设计与广告，可以达到精准营销的目的。

6.2.7　科艺融合

在数字化时代，音频、视频等多媒体数据占比较大，如何其中提取有用信息，进行有效检索和挖掘显得更为重要。尤其是在给用户进行音乐推荐的场景下，音频的资源管理和搜索效率受到关注。传统的音乐搜索是需要通过匹配文字的方式检索出对应内容，如匹配歌曲标题、歌手名或者歌词内容，在音乐数据集中进行检索，给用户呈现出相应内容。这种方式本质上还是基于文本的匹配检索，用户需要记住并输入搜索引擎中才可以进行检索。在音乐的高层语义特征中，情感是一种较为高级的特征，在检索技术中可以考虑音乐的情感特征，提高用户和音乐的匹配度。这也是音乐情感分析的主要任务，即利用计算机技术自动识别音乐中的情感特点，基于数据模型，运用统计或者机器学习的方法对音乐情感进行拟合建模，定量统计音乐中的情感部分。音乐的情感计算领域包括音乐情感表示、情感识别、情感合成等，主要运用的技术有以贝叶斯推断或非参数估计等依靠随机变量分布假设的统计推断方法；决策树、支持向量机、神经网络等为代表的机器学习方法；聚类法是依据样本间的相似距离进行自动分类的无监督方法，无须对音乐预先打标签。

此外，情感音乐生成逐步成为现实。2021 年 5 月，在首届中国国际消费品博览会上，由中国地质大学音乐科技团队自主研发的智能音乐情感机器人"海百合"，结合中国民族音乐艺术特征，和中国民族管弦乐队演奏技法基础理论，融入人工智能技术，包括基于机器视觉的乐谱识别、基于深度神经网络的情感识别、基于机器学习的拟人行为规划等，具有智能识谱、智能作曲、智能演奏功能和多模态情感识别的人机交互系统，是目前我国音乐机器人领域智能化程度较高的成果之一。

总的来说，以情感计算为底层技术逻辑的情感机器人或智能系统正在触发人类社会生活的深刻变革，美国麻省理工学院提出了近 50 种情感计算的应用项目。以卡内基·梅隆大学、清华大学、中国科学院自动化研究所、之江实验室、YouTube、脸书、微软等为代表的国内外高校院所和互联网科技巨头纷纷布局，情感识别公司 Affectiva、人工智能公司 Emotient、竹间智能公司等独角兽企业不断有新产品推出，相信情感计算未来将带来更多的惊喜、更大的突破。

参考文献

[1] MCKEON R. The basic works of aristotle[M]. New York: Random House, Inc., 1941.

[2] DESCARTESR. The philosophical works of decartes[M]. Cambridge: Cambridge University Press, 1955.

[3] DARWINC. The expression of the emotions in man and animals[M]. New York: Harper perennial, 2009.

[4] JAMES W. The principles of psychology [M]. New York: Dover Publications, 2017.

[5] BALTRUSAITIS T, AHUJA C, MORENCY L P. Multimodal machine learning:a survey and taxonomy[C]. IEEE transactions on pattern analysis and machine intelligence, 2018, 41(2): 423–443.

[6] 池景泽，彭于欣. 用于零样本跨媒体检索的双对抗网络 [C]// 第二十七届国际人工智能联合会议论文集，2018: 663–669.

[7] GKOUMAS D, LI Q, DEHDASHTI S, et al. Quantum cognitively motivated decision fusion for video sentiment analysis[C]//Proceedings of the AAAI conference on artificial intelligence, 2021, 35(1): 827–835.

[8] HUANG J, TAO J H, LIU B, et al. Multimodal transformer fusion for continuous emotion recognition[C]//Proceedings of the IEEE 2020 international conference on acoustics, Speech and Signal Processing, 2020: 3507–3511.

[9] KATSIGIANNIS S, RAMZAN N. DREAMER: a database for emotion recognition through EEG and ECG signals from wireless low–cost off–the–shelf devices[C]//IEEE journal of biomedical and health informatics, 2017, 22(1): 98–107.

[10] KOELSTRA S, MUHL C, SOLEYMANI M, et al. DEAP: a database for emotion analysis; using physiological signals[C]//IEEE transactions on affective computing, 2012, 3(1): 18–31.

[11] PORIA S, CAMBRIA E, BAJPAI R, et al. A review of affective computing: from

unimodal analysis to multimodal fusion[J]. Information fusion, 2017, 37: 98–125.

[12] SCHULLER B, VALSTAR M, EYBEN F, et al. Avec 2011—the first international audio/visual emotion challenge[C]//In international conference on affective computing and intelligent interaction, 2011, 10: 415–424.

[13] VERMA S, WANG J, GE Z, et al. Deep–HOSeq: deep higher order sequence fusion for multimodal sentiment analysis[J]. arXiv: 2010. 08218, 2020.

[14] ZADEH A, LIANG P P, MAZUMDER N, et al. Memory fusion network for multiview sequential learning[C]//Proceedings of the AAAI conference on artificial intelligence. 2018, 32(1): 5634–5641.

[15] ACM. MuSe'20: proceedings of the 1st international on multimodal sentiment analysis in real–life media challenge and workshop[EB/OL]. [2022.08.22]. https://dl.acm.org/doi/proceedings/10. 1145/3423327.

[16] AAAI. Affective content analysis[EB/OL]. [2022.08.23]. https://aaai.org/Library/Workshops/ws18–01.php.

[17] IITI. Core computer science conference rankings[EB/OL]. [2022–08–23]. https://iiti.ac.in/people/~artiwari/cseconflist.html.

[18] AAAI.The AAAI Conference on Artificial Intelligence[EB/OL]. [2022–08–23]. https://aaai.org/Conferences/AAAI/aaai.php.

[19] AAAI.Sponsored Workshops at AAAI–18[EB/OL]. [2022–08–23]. https://aaai.org/Conferences/AAAI–18/ws18workshops/#ws01.

[20] Clarivate. Essential science indicators: learn the basics[EB/OL]. [2022–07–25]. https://clarivate.libguides.com/esi.

[21] Clarivate. Derwent Innovations Index on Web of Science[EB/OL]. [2022–08–23]. https://clarivate.com/webofsciencegroup/solutions/webofscience–derwent–innovation–index/.

[22] Lie detectors have always been suspect. AI has made the problem worse[EB/OL]. (2020–03–13)[2022–9–25]. https://www.technologyreview.com/2020/03/13/905323/ai–lie–detectors–polygraph–silent–talker–iborderctrl–converus–neuroid/.

[23] 环球网文化. 关注学生情绪打造"AI+"智慧校园安全防护屏障 [EB/OL]. (2021–07–25)[2022–9–25].http://k.sina.com.cn/article_6373151243_17bde920b00100y05q.html#/.

[24] EID M A, AL OSMAN H. Affective haptics: current research and future directions[J].

IEEE access, 2015, 4: 26–40.

[25] ROVERS L, VAN ESSEN H A. Design and evaluation of hapticons for enriched instant messaging[J]. Virtual reality, 2004, 9: 177–191.

[26] ZHOU H, HUANG M, ZHANG T, et al. Emotional chatting machine: Emotional conversation generation with internal and external memory[C]//Proceedings of the AAAI conference on artificial intelligence. 2018, 32(1).

[27] Designing emotional interfaces of the future[EB/OL]. (2019−01−23)[2022−8−25]. https://www.smashingmagazine.com/2019/01/designing−emotional−interfaces−future/.

[28] 钱皓. 专访亚略特邵宇：情感计算开启人机交互的未来 [EB/OL]. (2021−07−13) [2022−8−25]. https://baijiahao.baidu.com/s?id=1705158431270295965&wfr=spider& for=pc&searchword=%E6%83%85%E6%84%9F%E8%AE%A1%E7%AE%97%E7 %9A%84%E6%9C%AA%E6%9D%A5.

EMERICH S, LUPU E, APATEAN A. Bimodal approach in emotion recognition using speech and facial expressions[C]//Poceedings of the 2009 International Symposium on Signals, Circuits and Systems.Iasi,Romania,2009:1−4.

[29] 波林. 实验心理学史 [M]. 北京：商务印书馆，1981.

[30] 唐钺. 西方心理学史大纲 [M]. 北京：北京大学出版社，1982.

[31] 任继愈. 老子新译 [M]. 上海：上海古籍出版社，1985.

[32] 斯托曼（Strongman,K.T.）. 情绪心理学 [M]. 张燕云，译. 沈阳：辽宁人民出版社，1986.

[33] 燕国材. 中国心理学史 [M]. 杭州：浙江教育出版社，1998.

[34] 斯金纳（B.F.Skinner）. Science and human behavior: 西学基本经典 [M]. 北京：中国社会科学出版社，1999.

[35] 林崇德，杨治良，黄希庭，等. 心理学大辞典 [M]. 上海：上海教育出版社，2003.

[36] 高觉敷. 中国心理学史 [M]. 北京：人民教育出版社，2009.

[37] 华生. 行为主义 [M]. 李维，译. 北京：北京大学出版社，2012.

[38] 彭聃龄. 普通心理学：第 4 版 [M]. 北京：北京师范大学出版社，2012.

[39] 老子. 道德经全集 [M]. 北京：光明日报出版社，2015.

[40] 左丘明. 左传 [M]. 郭丹，程小青，李彬源，译注. 北京：中华书局，2016.

[41] 黄帝. 黄帝内经 [M]. 姚春鹏，译注. 北京：中华书局，2016.

[42] 戴圣. 礼记 [M]. 胡平生，张萌，译注. 北京：中华书局，2017.

[43] 潘菽，高觉敷. 中国古代心理学思想研究 [M]. 北京：北京出版社，2018.

[44] 许其端.《论衡》中心理学思想的研究 [J]. 心理学报，1980（4）：377–384.

[45] 燕国材. 我国古代关于情感的几种学说 [J]. 心理科学通讯，1982（6）：36–40.

[46] 余铁城. 庄子心理学思想试探 [J]. 心理学报，1987（3）：329–334.

[47] 陆毅，郑伟，李博，等. 结合眼动和脑电增强情绪识别 [C]// 第二十四届国际人工智能联合会议论文集. 阿根廷布宜诺斯艾利斯：AAAI 出版社,2015:1170–1176.

[48] 潘家辉，何志鹏，李自娜，等. 多模态情绪识别研究综述 [J]. 智能系统学报，2020，15（4）：633–645.

[49] 中国中文信息学会. 中文信息处理发展报告（2021）(R/OL).[2022-8-25].http://cips–upload.bj.bcebos.com/cips2021.pdf.

[50] 王传昱，李为相，陈震环. 基于语音和视频图像的多模态情感识别研究 [J]. 计算机工程与应用，2021，57（23）：163–170.

[51] 王志娟，彭宣维. 知识表征研究：过往与前瞻 [J]. 北京科技大学学报（社会科学版），2021，37（5）：526–533.

[52] 吴友政，李浩然，姚霆，等. 多模态信息处理前沿综述：应用、融合和预训练 [J]. 中文信息学报，2022，36（5）：1–20.

[53] 姚鸿勋，邓伟洪，刘洪海，等. 情感计算与理解研究发展概述 [J]. 中国图象图形学报，2022，27（6）：2008–2035.

[54] 赵思诚，贾国力，杨巨峰，等. 来自多种方式的情感识别：基础和方法 [J]. IEEE 信号处理杂志，2021，38（6）：59–73.

[55] 赵小明，杨轶娇，张石清. 面向深度学习的多模态情感识别研究进展 [J]. 计算机科学与探索，2022，16（7）：1479.

[56] 吴小坤，赵甜芳. 自然语言处理技术在社会传播学中的应用研究和前景展望 [J]. 计算机科学，2020，47（6）：184–193.

[57] 中国计算机学会. 中国计算机学会推荐国际学术会议和期刊目录 [EB/OL]. (2019–04–25)[2022–08–16].https://www.ccf.org.cn/Academic_Evaluation/By_category/.

[58] 贾积有，杨柏洁. 文本情感计算系统"小菲"的设计及其在教育领域文本分析中的应用 [J]. 中国教育信息化，2016（14）：74–78.

[59] 王晨，高洪伟，吕贵林，等."情感流"车媒体智能新闻推荐系统 [J]. 中国传

媒科技 ,2020(9):120–124.

[60] For Society| 儿童交互机器人"大宝"，孤独症患儿的康复训练朋友 [EB/OL]. (2021–01–25)[2022–8–25]. https://www.bilibili.com/read/cv9444691/.

[61] 知识普及 | 陪伴型机器人：不仅陪你聊天那么简单 [EB/OL]. (2022–03–23) [2022–8–25]. http://news.sohu.com/a/531974895_120871296.

[62] 雍倩：情感计算在淘宝 UGC 的应用 [EB/OL]. (2022–02–08)[2022–8–25].https:// baijiahao.baidu.com/s?id=1724149882548097255&wfr=spider&for=pc.

[63] 构建未来科技生态，小米首款全尺寸人形仿生机器人 CyberOne 亮相 [EB/OL]. (2022–08–12)[2022–9–25].https://baijiahao.baidu.com/s?id=1740924887409466357 &wfr=spider&for=pc.

[64] 毕惜茜 . 审讯中人工智能的应用与思考 [J]. 中国人民公安大学学报（社会科学版），2020，36（3）：30–36.

[65] 李佳，祁娜 . 基于情感计算的空巢老人陪伴机器人设计研究 [J]. 工业设计，2021（11）：26–28.

[66] 李凯伟，马力 . 基于生成对抗网络的情感对话回复生成 [J]. 计算机工程与应用，2022，58（18）：130–136.

[67] 马皑，宋业臻 . 情感计算技术如何推动犯罪风险评估工具的发展？ [J]. 心理科学，2021，44（1）：52–59.

[68] 马磊，吴慧，郭晓蓓 . 情感计算联合边缘计算在商业银行数字化转型中的应用探索 [J]. 西南金融，2021（9）：40–51.

[69] 汪时冲，方海光，张鸽，等 . 人工智能教育机器人支持下的新型"双师课堂"研究：兼论"人机协同"教学设计与未来展望 [J]. 远程教育杂志，2019，37（2）：25–32.

[70] 基于情感计算的智能交互技术将如何应用于军事场景 [EB/OL]. (2022–04–11) [2022–8–25]. http://www.news.cn/mil/2022–04/11/c_1211635229.htm.

[71] 杨丰瑞，霍娜，张许红，等 . 基于注意力机制的主题扩展情感对话生成 [J]. 计算机应用，2021，41（4）：1078–1083.

[72] 姚鸿勋，邓伟洪，刘洪海，等 . 情感计算与理解研究发展概述 [J]. 中国图象图形学报，2022，27（6）：2008–2035.

[73] 尹海员，吴兴颖 . 投资者高频情感对股票日内收益率的预测作用 [J]. 中国工业经济，2019（8）：80–98.

附录

附录 1 情感计算领域前 20 名全作者发文国家历年发文量

序号	国家	1997	1998	1999	2000	2001	2002	2003	2004	2005	2006	2007	2008	2009	2010	2011	2012	2013	2014	2015	2016	2017	2018	2019	2020	2021	2022
1	中国	1	1	–	4	4	2	3	20	33	71	80	114	115	107	126	144	193	315	398	468	506	777	865	835	1019	567
2	美国	5	8	6	12	7	23	28	36	55	71	73	87	94	99	124	139	205	217	305	322	347	442	442	389	397	147
3	印度	–	–	1	–	–	1	–	1	1	6	6	6	27	12	28	37	79	105	249	294	366	360	356	374	406	260
4	英国	1	1	1	3	4	6	18	28	34	34	36	37	43	50	72	72	89	90	180	158	220	235	203	198	221	88
5	德国	–	–	3	4	4	3	7	11	20	26	36	46	40	47	59	52	86	93	121	100	142	149	128	119	139	49
6	日本	2	6	5	15	7	4	9	9	14	19	30	34	34	22	35	39	48	64	72	86	88	119	119	97	130	30
7	意大利	–	–	1	2	2	1	1	3	3	9	10	15	12	17	26	38	46	55	109	73	109	92	94	118	128	58
8	澳大利亚	–	–	1	–	2	2	2	5	6	7	13	17	12	21	28	40	62	55	59	62	90	104	110	117	125	69
9	西班牙	–	–	–	1	1	2	3	3	4	7	17	12	26	13	32	41	53	46	64	72	74	92	104	128	120	88
10	加拿大	–	1	–	2	5	–	3	5	6	4	17	12	19	19	37	38	63	49	64	80	77	95	104	86	88	47

数据来源：Web of Science 核心合集数据库

（续表）

序号	国家	1997	1998	1999	2000	2001	2002	2003	2004	2005	2006	2007	2008	2009	2010	2011	2012	2013	2014	2015	2016	2017	2018	2019	2020	2021	2022
11	韩国	-	-	-	2	-	1	4	15	17	13	22	18	30	21	16	32	35	44	45	58	53	97	101	100	133	59
12	法国	-	1	1	2	2	2	2	6	9	6	11	19	27	18	29	27	52	53	72	55	68	92	84	86	82	37
13	荷兰	-	-	1	3	5	5	5	6	8	10	13	15	24	21	35	40	30	41	62	51	44	50	65	51	69	29
14	土耳其	-	-	-	-	-	-	-	-	1	3	4	5	8	4	9	14	21	28	40	51	77	88	85	79	70	30
15	沙特阿拉伯	-	-	-	-	-	-	-	-	-	-	-	-	-	-	-	1	8	12	26	23	44	51	77	74	124	110
16	新加坡	1	-	-	1	-	1	2	-	1	2	3	12	9	10	18	22	19	38	34	45	46	58	49	53	61	23
17	马来西亚	-	-	-	-	-	-	1	-	1	1	6	5	7	2	5	10	17	36	40	48	42	47	46	56	65	39
18	巴基斯坦	-	-	-	-	-	-	-	-	1	1	1	2	2	1	2	1	3	10	14	24	41	50	84	80	91	41
19	巴西	-	-	-	-	-	-	2	7	6	6	15	27	24	4	23	13	26	21	27	35	33	75	67	48	48	27
20	希腊	-	1	1	1	1	2	-	-	6	6	15	27	24	23	23	13	26	24	30	35	30	35	18	29	33	15

附录 2 情感计算领域发文 Q1 期刊

期刊名称	Web of Science 领域
IEEE Transactions on Affective Computing	Computer Science, Cybernetics/Computer Science, Artificial Intelligence
Expert Systems with Applications	Computer Science, Artificial Intelligence/Engineering, Electrical & Electronic/Operations Research & Management Science
Knowledge-Based Systems	Computer Science, Artificial Intelligence
Information Processing & Management	Computer Science, Information Systems/Information Science & Library Science
IEEE Transactions on Multimedia	Computer Science, Software Engineering/Computer Science, Information Systems/Telecommunications
Information Sciences	Computer Science, Information Systems
Pattern Recognition	Computer Science, Artificial Intelligence/Engineering, Electrical & Electronic
Neuroscience and Biobehavioral Reviews	Neurosciences/Behavioral Sciences
Journal of Affective Disorders	Clinical Neurology/Psychiatry
Applied Soft Computing	Computer Science, Interdisciplinary Applications/Computer Science, Artificial Intelligence

（续表）

期刊名称	Web of Science 领域
Decision Support Systems	Operations Research & Management Science/Computer Science, Information Systems/Computer Science, Artificial Intelligence
Future Generation Computer Systems— The International Journal of Escience	Computer Science, Theory & Methods
Information Fusion	Computer Science, Theory & Methods/Computer Science, Artificial Intelligence
Artificial Intelligence Review	Computer Science, Artificial Intelligence
Computers in Human Behavior	Psychology, Experimental/Psychology, Multidisciplinary
IEEE Transactions on Image Processing	Engineering, Electrical & Electronic/Computer Science, Artificial Intelligence
International Journal of Human-Computer Studies	Computer Science, Cybernetics/Ergonomics/Psychology, Multidisciplinary
IEEE Transactions on Cybernetics	Automation & Control Systems/Computer Science, Artificial Intelligence/Computer Science, Cybernetics
Neuroimage	Neurosciences/Neuroimaging/Radiology, Nuclear Medicine & Medical Imaging
IEEE Transactions on Pattern Analysis and Machine Intelligence	Engineering, Electrical & Electronic/Computer Science, Artificial Intelligence

期刊名称	Web of Science 领域
Journal of Child Psychology and Psychiatry	Psychology/Psychology, Developmental/Psychiatry
IEEE Transactions on Knowledge and Data Engineering	Engineering, Electrical & Electronic/Computer Science, Artificial Intelligence/Computer Science, Information Systems
Neural Networks	Computer Science, Artificial Intelligence/Neurosciences
IEEE Intelligent Systems	Engineering, Electrical & Electronic
Engineering Applications of Artificial Intelligence	Engineering, Multidisciplinary/Automation & Control Systems/Computer Science, Artificial Intelligence/Engineering, Multidisciplinary
ACM Transactions on Multimedia Computing Communications and Applications	Computer Science, Theory & Methods/Computer Science, Software Engineering
IEEE Transactions on Neural Networks and Learning Systems	Engineering, Electrical & Electronic/Computer Science, Theory & Methods/Computer Science, Hardware & Architecture/Computer Science, Artificial Intelligence
Computers in Biology and Medicine	Engineering, Biomedical/Biology/Computer Science, Interdisciplinary Applications/Mathematical & Computational Biology
Computer Vision and Image Understanding	Engineering, Electrical & Electronic
Information Systems Frontiers	Computer Science, Theory & Methods/Computer Science, Information Systems

（续表）

期刊名称	Web of Science 领域
International Journal of Human-Computer Interaction	Computer Science, Cybernetics/Ergonomics
Journal of King Saud University-Computer and Information Sciences	Computer Science, Information Systems
Journal of Neuroscience	Neurosciences
Electronic Commerce Research and Applications	Computer Science, Information Systems
Internet Research	Computer Science, Information Systems
IEEE Transactions on Instrumentation and Measurement	Engineering, Electrical & Electronic
International Journal of Computer Vision	Computer Science, Artificial Intelligence
European Neuropsychopharmacology	Clinical Neurology
IEEE Transactions on Circuits and Systems for Video Technology	Engineering, Electrical & Electronic
Applied Acoustics	Acoustics
Computer Systems Science and Engineering	Computer Science, Theory & Methods
Neuropsychology Review	Neurosciences
ACM Computing Surveys	Computer Science, Theory & Methods

（续表）

期刊名称	Web of Science 领域
Journal of Biomedical Informatics	Computer Science, Interdisciplinary Applications
Artificial Intelligence in Medicine	Engineering, Biomedical
Complex & Intelligent Systems	Computer Science, Artificial Intelligence
Emotion Review	Psychology, Multidisciplinary
Computer Methods and Programs in Biomedicine	Engineering, Biomedical
Information & Management	Computer Science, Information Systems
IEEE Internet of Things Journal	Engineering, Electrical & Electronic
International Journal of Intelligent Systems	Computer Science, Artificial Intelligence
Wiley Interdisciplinary Reviews: Data Mining and Knowledge Discovery	Computer Science, Theory & Methods
ACM Transactions on Intelligent Systems and Technology	Computer Science, Artificial Intelligence
Computers & Education	Computer Science, Interdisciplinary Applications
IEEE Transactions on Intelligent Transportation Systems	Engineering, Electrical & Electronic
IEEE Computational Intelligence Magazine	Computer Science, Artificial Intelligence
Advanced Engineering Informatics	Engineering, Multidisciplinary

（续表）

期刊名称	Web of Science 领域
Journal of Computational Science	Computer Science, Theory & Methods
IEEE Network	Engineering, Electrical & Electronic
Human-Centric Computing and Information Sciences	Computer Science, Information Systems
IEEE Transactions on Information Forensics and Security	Engineering, Electrical & Electronic
Computer Communications	Engineering, Electrical & Electronic
Journal of the American Medical Informatics Association	Health Care Sciences & Services
ACM Transactions on Internet Technology	Computer Science, Software Engineering
IEEE Transactions on Systems Man Cybernetics-Systems	Computer Science, Cybernetics
International Journal of Medical Informatics	Health Care Sciences & Services
Measurement	Engineering, Multidisciplinary
Computers & Industrial Engineering	Engineering, Industrial
International Journal of Neural Systems	Computer Science, Artificial Intelligence
Journal of Organizational and End User Computing	Computer Science, Information Systems
IEEE Signal Processing Magazine	Engineering, Electrical & Electronic
American Journal of Geriatric Psychiatry	Geriatrics & Gerontology

期刊名称	Web of Science 领域
IEEE Journal of Selected Topics in Signal Processing	Engineering, Electrical & Electronic
Computer Science Review	Computer Science, Theory & Methods
IEEE Transactions on Visualization and Computer Graphics	Computer Science, Software Engineering
Information and Software Technology	Computer Science, Software Engineering
Science China-Information Sciences	Engineering, Electrical & Electronic
Communications of the ACM	Computer Science, Theory & Methods
Current Directions in Psychological Science	Psychology, Multidisciplinary
Psychological Science	Psychology, Multidisciplinary
British Journal of Psychology	Psychology, Multidisciplinary
Addiction	Substance Abuse
Aggression and Violent Behavior	Criminology & Penology
IEEE Transactions on Industrial Informatics	Engineering, Industrial
Clinical Psychological Science	Psychology
Psychological Bulletin	Psychology

（续表）

期刊名称	Web of Science 领域
International Journal of Eating Disorders	Nutrition & Dietetics
Developmental Cognitive Neuroscience	Neurosciences
International Psychogeriatrics	Geriatrics & Gerontology
Computers in Industry	Computer Science, Interdisciplinary Applications
ACM Transactions on Knowledge Discovery from Data	Computer Science, Software Engineering
Alexandria Engineering Journal	Engineering, Multidisciplinary
IEEE Transactions on Fuzzy Systems	Engineering, Electrical & Electronic
Internet Interventions-The Application of Information Technology in Mental and Behavioural Health	Health Care Sciences & Services
Proceedings of the IEEE	Engineering, Electrical & Electronic
Journal of Network and Computer Applications	Computer Science, Software Engineering
MIS Quarterly	Computer Science, Information Systems
Journal of Management Information Systems	Computer Science, Information Systems
Journal of Computing in Civil Engineering	Engineering, Civil
Integrated Computer-Aided Engineering	Engineering, Multidisciplinary

（续表）

期刊名称	Web of Science 领域
European Journal of Neurology	Clinical Neurology
Virtual Reality	Computer Science, Software Engineering
Artificial Intelligence	Computer Science, Artificial Intelligence
CAAI Transactions on Intelligence Technology	Computer Science, Artificial Intelligence
Artificial Intelligence	Computer Science, Artificial Intelligence
International Journal of Electronic Commerce	Computer Science, Software Engineering
Empirical Software Engineering	Computer Science, Software Engineering
American Psychologist	Psychology, Multidisciplinary
Body Image	Psychology, Multidisciplinary
Journal of Parallel and Distributed Computing	Computer Science, Theory & Methods
Ain Shams Engineering Journal	Engineering, Multidisciplinary
Engineering Science and Technology-An International Journal-Jestech	Engineering, Multidisciplinary
Current Opinion in Psychology	Psychology, Multidisciplinary
IEEE Transactions on Mobile Computing	Computer Science, Information Systems/Telecommunications

（续表）

期刊名称	Web of Science 领域
Psicothema	Psychology，Multidisciplinary
Neuroscientist	Clinical Neurology
Current Opinion in Neurobiology	Neurosciences
Trends in Cognitive Sciences	Neurosciences
IEEE Wireless Communications	Engineering，Electrical & Electronic
Annual Review of Psychology	Psychology
Journal of Information Technology	Computer Science，Information Systems
IEEE Transactions on Emerging Topics in Computing	Computer Science，Information Systems
Perspectives on Psychological Science	Psychology，Multidisciplinary
Nature Human Behaviour	Neurosciences
Computer Networks	Engineering，Electrical & Electronic
Computer Standards & Interfaces	Computer Science，Software Engineering
Annals of Behavioral Medicine	Psychology，Multidisciplinary
Physical and Engineering Sciences in Medicine	Engineering，Biomedical
Molecular Neurobiology	Neurosciences

（续表）

期刊名称	Web of Science 领域
IEEE Transactions on Network Science and Engineering	Engineering, Multidisciplinary/Mathematics, Interdisciplinary Applications
Computers and Electronics in Agriculture	Agriculture, Multidisciplinary/Computer Science, Interdisciplinary Applications
Archives of Computational Methods in Engineering	Computer Science, Interdisciplinary Applications/ Engineering, Multidisciplinary/Mathematics, Interdisciplinary Applications
International Journal of Geographical Information Science	Computer Science, Information Systems/Geography/ Geography, Physical/Information Science & Library Science
IEEE Transactions on Big Data	Computer Science, Theory & Methods
Journal of the Association For Information Systems	Computer Science, Information Systems/Information Science & Library Science
Journal of Grid Computing	Computer Science, Theory & Methods
Computational Visual Media	Computer Science, Software Engineering
IEEE Transactions on Vehicular Technology	Engineering, Electrical & Electronic/Telecommunications
ACM Transactions on Software Engineering and Methodology	Computer Science, Software Engineering
Nature Neuroscience	Neurosciences

（续表）

期刊名称	Web of Science 领域
Neuron	Neurosciences
IEEE Transactions on Robotics	Robotics
Journal of the Franklin Institute-Engineering and Applied Mathematics	Engineering, Multidisciplinary
Journal of Intelligent Manufacturing	Engineering, Manufacturing
IEEE Transactions on Signal Processing	Engineering, Electrical & Electronic
IEEE/ASME Transactions on Mechatronics	Engineering, Mechanical
Fuzzy Sets and Systems	Computer Science, Theory & Methods
International Journal of Robotics Research	Robotics
IEEE Journal on Emerging and Selected Topics in Circuits and Systems	Engineering, Electrical & Electronic
Human-Computer Interaction	Computer Science, Theory & Methods
Journal of Environmental Psychology	Environmental Studies
Business & Information Systems Engineering	Computer Science, Information Systems
Computer-Aided Design	Computer Science, Software Engineering

（续表）

期刊名称	Web of Science 领域
IEEE Transactions on Biomedical Circuits and Systems	Engineering, Electrical & Electronic
IEEE Journal on Selected Areas in Communications	Engineering, Electrical & Electronic
European Journal of Psychology Applied to Legal Context	Psychology, Multidisciplinary/Law
IEEE Transactions on Reliability	Computer Science, Hardware & Architecture/Computer Science, Software Engineering/Engineering, Electrical & Electronic
Computer-Aided Civil and Infrastructure Engineering	Computer Science, Interdisciplinary Applications/Construction & Building Technology/Engineering, Civil/Transportation Science & Technology
IEEE Transactions on Industrial Electronics	Automation & Control Systems/Engineering, Electrical & Electronic/Instruments & Instrumentation
Review of General Psychology	Psychology, Multidisciplinary
Journal of Positive Psychology	Psychology, Multidisciplinary
Computers Environment and Urban Systems	Environmental Studies/Geography/Regional & Urban Planning
Fuzzy Optimization and Decision Making	Computer Science, Artificial Intelligence/Operations Research & Management Science
Simulation Modelling Practice and Theory	Computer Science, Software Engineering

（续表）

期刊名称	Web of Science 领域
IEEE Transactions on Medical Imaging	Computer Science, Interdisciplinary Applications/Engineering, Biomedical/Engineering, Electrical & Electronic/Imaging Science & Photographic Technology/Radiology, Nuclear Medicine & Medical Imaging
IEEE Transactions on Dependable and Secure Computing	Computer Science, Hardware & Architecture/Computer Science, Information Systems/Computer Science, Software Engineering
IEEE Communications Magazine	Engineering, Electrical & Electronic/Telecommunications
Sustainable Computing-Informatics & Systems	Computer Science, Hardware & Architecture
Journal of Statistical Software	Computer Science, Interdisciplinary Applications/Statistics & Probability
Mathematics and Computers in Simulation	Computer Science, Software Engineering/Mathematics, Applied
Canadian Journal of Behavioural Science/Revue canadienne des sciences du comportement	Psychology, Multidisciplinary
IEEE Transactions on Sustainable Computing	Computer Science, Hardware & Architecture
Psychiatric Rehabilitation Journal	Rehabilitation
Neurobiology of Stress	Neurosciences
Journal of Happiness Studies	Social Sciences, Interdisciplinary

附录 3 情感领域发文量前 20 名的国家合作详情

序号	合作国家	合作论文数量																			
		中国	美国	印度	英国	德国	日本	意大利	澳大利亚	西班牙	加拿大	韩国	法国	荷兰	土耳其	沙特阿拉伯	新加坡	马来西亚	巴基斯坦	巴西	希腊
1	中国	6 905	540	54	256	58	212	41	169	32	106	44	23	12	44	123	20	38	47	17	4
2	美国	540	4 085	90	199	158	36	103	110	49	129	57	91	93	39	36	58	9	23	5	17
3	印度	54	90	3 075	53	9	12	13	26	13	16	23	17	6	10	38	35	12	8	2	2
4	英国	256	199	53	2 136	243	35	110	103	80	52	9	77	136	23	55	50	25	30	26	39
5	德国	58	158	9	243	1 482	36	243	38	34	39	7	55	80	17	5	11	5	3	13	16
6	日本	212	36	12	35	36	1 145	36	16	13	25	15	11	5	5	3	13	1	3		1
7	意大利	41	103	13	110	243	2	1 111	20	50	19	6	43	12	12	7	34	13	8	5	7
8	澳大利亚	169	110	26	103	38	16	20	1 062	21	26	10	21	11	11	26	28	21	19	11	3
9	西班牙	32	49	13	80	34	13	50	21	996	13	9	36	37	11	17	9	9	5	22	15
10	加拿大	106	129	16	52	39	25	19	26	13	933	8	37	16	9	32	8	2	11	16	15
11	韩国	41	57	23	9	7	6	9	10	9	8	925	13	4		16	1	8	45	2	2
12	法国	44	91	17	77	55	15	62	19	36	37	13	852	36	4	9	2	6	15	15	10

数据来源：作者整理计算

（续表）

序号	合作国家	合作论文数量																			
		中国	美国	印度	英国	德国	日本	意大利	澳大利亚	西班牙	加拿大	韩国	法国	荷兰	土耳其	沙特阿拉伯	新加坡	马来西亚	巴基斯坦	巴西	希腊
13	荷兰	23	93	6	136	80	11	43	21	37	16	4	36	684	16		8	3	1	9	13
14	土耳其	12	39	10	23	17	5	12	11	11	9		4	16	634	7	5	6	2	1	1
15	沙特阿拉伯	44	36	38	55	3	5	7	26	17	32	16	9		7	565	1	21	82	1	3
16	新加坡	123	58	35	50	11	15	34	28	9	8	1	2	8	5	1	515	3	2		1
17	马来西亚	20	9	12	25	5	13	3	21	3	2	8	6	3	6	21	3	481	30		3
18	巴基斯坦	38	23	8	30	13	1	8	19	5	11	45	15	1	2	82	2	30	460	3	
19	巴西	5	47	2	26	16	3	5	11	22	16	2	15	9	1	1			3	457	
20	希腊	4	17	2	39	16	1	7	3	15	3	2	10	13	1	3	1	3			425

附录 4 情感计算领域主要代表产品及应用技术

序号	企业名称	公司定应	代表产品或应用服务	应用技术
1	海康威视	科技类	智慧课堂行为管理系统	"慧眼"对通过摄像捕捉的课堂上学生的行为、表情等进行统计和分析，并及时的反馈异常行为
2	梅花数据	服务类	战略情报服务	基于自然语言处理技术，对海量的文本内容进行情感倾向性分析
3	MorphCast	科技类	互动视频平台	利用情感识别和分析面部情感处理技术
4	蜜度	服务类	新浪舆情通	利用自然语言处理技术与音视频处理技术监测网络上的负面舆情与用户的负面情绪
5	Affectiva	服务类	媒体分析解决方案	情感人工智能技术
6	Talkwalker	综合类	消费者智能平台	基于文本分析的情感计算技术
7	NVISO	科技类	驾驶员监控系统（Driver Monitoring System, DMS）	通过汽车光学摄像头与红外摄像头对驾驶员进行实时眼球追踪，实时监测驾驶员的疲劳程度与注意力情况
8	Robokind	产品类	Zeno 机器人	通过情感计算技术来检测并解释自闭症儿童的声音、表情、行为，增强儿童情感处理技能
9	Emotiv	科技类	脑电神经技术	核心技术是通过头戴式设备测量神经元放电时的大脑产生的电活动，继而分析和洞察相应的情绪
10	audEERING	产品类	entertAIn play 电子产品	语音活性检测（Voice Activity Detection, VAD）捕捉玩家的声音数据，然后利用人工智能模型分析语音参数

（续表）

序号	企业名称	公司定位	代表产品或服务	应用技术
11	优必选科技	科技类	ROSA 机器人	具有高性能伺服驱动器及控制算法、运动控制算法、面向服务机器人的计算机视觉算法、智能机器人自主导航定位算法、ROSA 机器人操作系统应用框架、语音等核心技术
12	Intelligent Voice	科技类	LexiQal 基于其独特的会话分析技术	自然语言处理技术和复杂的搜索技术
13	回车科技	科技类	云计算平台	多模态生理信号传感器及云端多维度分析算法
14	科思创动科技	科技类	管乘人员生物识别系统	生物识别 SDK 引擎
15	BrainCo	科技类	专注力提升系统	检测大脑活动来监测和量化学生的注意力水平技术
16	竹间智能	综合类	机器人对话系统、情感分析模型、商业化 AI SaaS 平台	27 个中英文自然语言处理模块、人脸情绪辨识、情感考勤、语言情感理解技术
17	Behavioral Signals	服务类	对话系统解决方案	基于 AI 的对话系统（AI-Mediated Conversations，AI-MC）利用客户语音数据，通过 AI 情感算法，匹配最合适的客服人员
18	宁波阿尔法鹰眼安防科技	综合类	阿尔法鹰眼分析识别预警系统	"人脸+情绪"采集、人证比对和"人脸+情绪"比对技术
19	新东方	服务类	AI 双师课堂	"AI 技术+MOOC 教学"模式、基于面部表情识别的"慧眼系统"

序号	企业名称	公司定位	代表产品或服务	应用技术
20	Facebook（Meta）	综合类	脑机接口硬件EMG腕带	利用Meta开发的"共同学习算法"帮助设备识别肌电信号
21	百度金融	服务类	度小满金融助手	基于多尺度特征表示的全局感知融合语音情绪识别
22	软银机器人	综合类	第一个能够识别人脸和基本人类情感的社交人形机器人 Pepper	机器人利用感知模块，触摸传感器，led灯和麦克风，可以快速地认识对象并之进行多模态互动，还能利用红外传感器，保险杠，惯性装置，2D和3D摄像机以及声呐进行全方位自主导航
23	Discern Science	产品类	AVATAR 实时真相评估的自动虚拟代理	基于专业传感器，人工智能，机器学习扩展现实（XR）和5G在内的高新技术排动威胁/欺骗检测的转型举措
24	英特尔	综合类	Class 软件	基于AI技术，Class与Zoom集成对肢体语言和面部表情进行识别
25	Expper Technologies	产品类	交互式陪伴机器人罗宾（Robin）	数学模型：马尔可夫决策过程（Markov Decision Process）
26	高合 HiPhiGo	产品类	HiPhiGo 情感化智能出行伙伴	通过舱内各类传感器对用户情绪进行检测，利用Nuance公司提供的语音识别技术理解用户指令，识别用户情感
27	韩国现代汽车	产品类	迷你电动车 Little Big e-Motion	情绪自适应车辆控制技术
28	国云科技	科技类	云计算平台 G-Cloud	物联网监管科技云服务技术